化学入門
―日常に役立つ基礎知識―

大月 穣 著

東京化学同人

まえがき

　私たちはさまざまな物質に囲まれて生活している．また，私たち自身も物質によってできている．このような物質の成り立ちの謎を解き明かし，新しい物質をつくりだす科学が，「化学」である．身のまわりにある物質や製品，身近におこる現象を化学の目を通して見ると，日常生活と物質とのかかわり，さらには私たち自身をよりよく理解できるようになる．

　本書では，身のまわりのさまざまな物質や製品，さらには現象などを題材にして，化学の基礎を簡潔にわかりやすく解説している．化学の基礎を身につければ，身近にあるさまざまな材料の特徴，電気や光を利用した物質や機器のしくみ，食べ物や化粧品，医薬品のはたらきのしくみについて理解することができる．さらには，生物をつくる物質の構造やはたらきから，生命活動を支える化学反応や遺伝のしくみなどについても知ることができる．また，化学的な視点にたって，地球環境やエネルギーに関する諸問題について考えることは重要である．

　本書は，大学や短期大学の教養教育課程や，化学を専門としない学科などの基礎化学関連科目のための最適なテキストとなるようにつくられている．化学の基礎を生活とのかかわりの中で，興味をもって学習できるように配慮しているので，高校で化学を履修していなくても十分に理解できる内容となっている．

　本書の製作を通じて，東京化学同人の山田豊さんには，全体の構成から細部に至るまで目を配っていただき，素敵な作品に仕上げていただきました．感謝します．

2016 年 4 月

大　月　　穣

目　次

身のまわりを化学する……………………………………………………1

1章　身近な物質を見てみよう……………………………………5
1・1　身近な物質を分けてみよう…………………………………5
1・2　原子はつながって物質をつくる……………………………7
1・3　物質の表し方：元素記号……………………………………7
1・4　原子はものすごく小さい……………………………………9
　問　題………………………………………………………………10

2章　物質の成り立ち………………………………………………11
2・1　原子はさらに小さい粒子からなる…………………………11
2・2　原子の構成……………………………………………………12
2・3　原子の種類：電子配置と周期表……………………………14
2・4　多くの元素はイオンになりやすい…………………………16
2・5　化学結合：原子やイオンは結合する………………………17
　　2・5・1　イオン結合：食塩…………………………………17
　　2・5・2　金属結合：鉄………………………………………18
　　2・5・3　共有結合：水素分子と水分子……………………19
　　2・5・4　多重結合：酸素分子と窒素分子…………………20
　問　題………………………………………………………………21

3章　物質の変化を探る……………………………………………22
3・1　なぜ，水は状態を変化させるのか…………………………22
3・2　溶けるってどういうこと……………………………………23

3・3　燃えるってどういうこと ……………………………………… 25
3・4　酸と塩基はどのようなもの …………………………………… 26
3・5　物質の変化や量を表す ………………………………………… 29
　　3・5・1　化学反応を表す：化学反応式 ………………………… 29
　　3・5・2　物質の量を表す：モルと原子量 ……………………… 30
　　3・5・3　物質の量を表す：濃度 ………………………………… 31
　　3・5・4　水素イオン濃度：pH ………………………………… 32
問　題 ……………………………………………………………………… 34

4章　生活の中の物質 …………………………………………………… 35
4・1　身のまわりの物質の種類 ……………………………………… 35
4・2　金属とその化合物 ……………………………………………… 36
　　4・2・1　金，銀，銅 ……………………………………………… 36
　　4・2・2　鉄とアルミニウム ……………………………………… 37
　　4・2・3　合金とめっき …………………………………………… 38
　　4・2・4　1族と2族金属の化合物 ……………………………… 39
4・3　鉱物とガラス …………………………………………………… 40
4・4　炭素原子だけからなる物質 …………………………………… 41
4・5　有機分子 ………………………………………………………… 44
　　4・5・1　天然ガスと石油に含まれる有機分子：炭化水素 …… 44
　　4・5・2　有機分子の性質と官能基 ……………………………… 47
　　4・5・3　有機分子の表し方 ……………………………………… 49
4・6　高分子 …………………………………………………………… 50
　　4・6・1　高分子ってどのようなもの …………………………… 50
　　4・6・2　プラスチック …………………………………………… 51
　　4・6・3　ゴ　ム …………………………………………………… 52
　　4・6・4　繊維：ポリエステルとポリアミド …………………… 53
　　4・6・5　なぜ高分子が材料として適するのか ………………… 57
問　題 ……………………………………………………………………… 57

5章　生活を支える化学：電気 ………………………………………… 59
5・1　電気の正体 ……………………………………………………… 59

5・1・1　なぜ，電気は流れるのか………………………………59
　　5・1・2　電気を流す物質と流さない物質………………………60
　5・2　電池の化学……………………………………………………60
　　5・2・1　電池の基礎：酸化還元反応……………………………61
　　5・2・2　アルカリ乾電池…………………………………………63
　　5・2・3　リチウムイオン二次電池………………………………64
　　5・2・4　燃料電池…………………………………………………66
　5・3　半導体…………………………………………………………68
　問　題………………………………………………………………70

6章　生活を豊かにする化学：光……………………………71
　6・1　光の正体………………………………………………………71
　　6・1・1　電磁波の種類……………………………………………72
　　6・1・2　光の吸収と発光…………………………………………73
　6・2　身のまわりにあふれる色……………………………………74
　　6・2・1　色の見えるしくみ………………………………………74
　　6・2・2　色　素……………………………………………………75
　6・3　明かりと私たちのくらし……………………………………78
　　6・3・1　蛍光灯……………………………………………………79
　　6・3・2　LED：発光ダイオード…………………………………80
　6・4　液晶ディスプレイ……………………………………………81
　6・5　レーザープリンター…………………………………………83
　6・6　光は情報を伝える：光ファイバー…………………………84
　問　題………………………………………………………………85

7章　生命にかかわる物質………………………………………86
　7・1　糖質（炭水化物）……………………………………………86
　7・2　脂　質…………………………………………………………89
　7・3　アミノ酸………………………………………………………90
　7・4　タンパク質……………………………………………………93
　　7・4・1　タンパク質の構造と種類………………………………93
　　7・4・2　酵　素……………………………………………………94

7・5　遺伝情報をになう物質：DNA･････････････････････････････････94
　　7・5・1　遺伝情報は染色体を介して伝えられる･･････････････････95
　　7・5・2　遺伝情報はDNAに書き込まれている･･････････････････95
7・6　ビタミン･･98
問　題･･99

8章　すこやかに生きるための化学 ･･･････････････････････････100
8・1　身だしなみの化学･･100
　　8・1・1　セッケンと洗剤･･････････････････････････････････････100
　　8・1・2　化粧品･･102
　　8・1・3　ヘアスタイル･･104
8・2　食べ物の化学･･105
　　8・2・1　ご飯を炊く･･106
　　8・2・2　発酵食品･･106
　　8・2・3　漬物：浸透圧･･109
　　8・2・4　圧力鍋：圧力と温度･･････････････････････････････････110
　　8・2・5　ゆで卵：タンパク質の変性････････････････････････････111
　　8・2・6　アイスクリーム：乳化････････････････････････････････112
8・3　食べるための化学･･114
　　8・3・1　なぜ，食べるのか････････････････････････････････････114
　　8・3・2　食べ物を消化してからだとエネルギーをつくる･････････114
　　8・3・3　食べ物のエネルギー･･････････････････････････････････116
　　8・3・4　エネルギーと体重････････････････････････････････････117
　　8・3・5　食品添加物･･117
8・4　健康を維持するための化学･･････････････････････････････････119
　　8・4・1　体内でのpHの調整･･････････････････････････････････119
　　8・4・2　ホルモン･･120
　　8・4・3　医薬品の化学･･121
問　題･･125

9章　環境とエネルギーの化学 ･･･････････････････････････････126
9・1　地球という環境･･126

9・2	物質の循環：炭素	127
9・3	地球環境問題の化学	129
9・3・1	地球温暖化	129
9・3・2	オゾン層の破壊	131
9・4	エネルギーと資源の化学	132
9・4・1	化石資源	133
9・4・2	新しいエネルギーの化学	136
9・4・3	核エネルギー：太陽と原子力発電	139
9・4・4	放射線ってなんだろう	140
9・4・5	放射性物質の寿命：半減期	142
9・4・6	放射線の量を表す単位	144

問　題 ……………………………………………………………… 145

問題の解答 ………………………………………………………… 147

索　引 ……………………………………………………………… 150

コラム

静電気	61
めっき	67
花　火	78
鏡の中のアミノ酸	92
酵素入り洗剤	102
電子レンジ	113
花粉症とアレルギー	124
浮遊粒子状物質	133
メタンハイドレートとシェールオイル	136
放射線の被ばく	142

身のまわりを化学する

　身のまわりは，たくさんの"物（もの）"であふれている．すべてのものは「物質」でできている．空気や水，金属やガラス，衣服や家電製品，化粧品，医薬品，食べ物，そして青い地球とさまざまな生き物たち．
　「いったい，物質ってなんだろう？」
　化学は，物質を扱う学問のひとつである！

　固いもの，柔らかいもの．赤いもの，青いもの．水に溶けるもの溶けないもの．甘いもの，すっぱいもの．電気を通すもの通さないもの．生きているものいないもの．
　「なぜ，このような違いが生まれるのだろう？」
　化学は，物質が何からできていて，どのような構造をしており，どのような性質をもっているかを調べて，さまざまな謎を解き明かす！

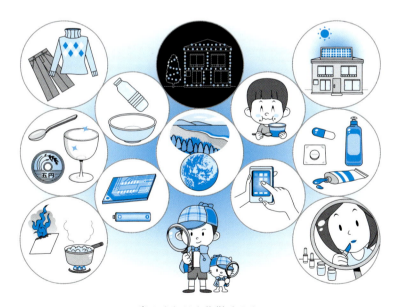

身のまわりを化学する！

食塩や砂糖を水に入れてかき混ぜると，その姿は消えてなくなる．水を沸かすと水蒸気になり，冷やすと氷になる．紙に火をつけると，炎をあげて燃えあがる．

「なぜ，物質は変化するのだろう？」

化学は，身近な現象のうらにある基本的な原理を探る！

　私たちの生活に欠かせないもの．繊維，ゴム，プラスチック，洗剤，顔料，医薬品など．これらの多くは，真っ黒でどろっとした石油からつくられる．

「どのようにしたら，役に立つ物質がつくれるのだろう？」

化学は，基本的な原理にもとづいて，物質を反応させ，新しい物質をつくりだす！

　毎日の生活を支えて，くらしを豊かにする，電池，半導体，パソコンやスマートフォン，液晶ディスプレイ，レーザープリンター，発光ダイオード，光ファイバーなど，電気や光を利用する物質や機器．

　すこやかな生活をおくるために，身だしなみを整え，おいしく食べて，栄養をとり，薬を飲んで，病気を治す．

「どのように，化学はかかわっているのだろう？」

化学は，私たちの生活にとても役立っている！

　このように，私たちにとって，化学はとても身近なものである．そして，ふと気づく．私たち自身，生き物すべてが物質からなることを．

「どのような物質からなり，どのような役割を果たしているのだろう？」

化学は，生き物の営みに深くかかわっている！

　地球は，生き物たちにとってかけがいのない環境である．物質は，生き物と地球という環境をつなぎながら，さまざまな形で循環している．

「物質は，環境と生き物のあいだを，どのように移っていくのだろう？」

化学は，地球という環境と生き物をつなぐ，大切な役割を果たしている！

　私たちは，快適で便利な生活をおくるために，物質やエネルギーを大量に生産し，そして消費してきた．これにより，自然とのバランスがくずれて，環境

破壊やエネルギー資源の枯渇など，さまざまな問題が生じている．
「どのようにしたら，これらの問題を解決できるだろう？」
化学は，持続可能な生活をめざして，環境にやさしいつくり方で，環境にやさしい物質を生みだす！

このように，化学の基礎的な事項を学べば，私たちをとりまく世界をより深く理解できる．実際に，身近にある物質をじっくりと観察し，その背後にはどのような化学の世界が広がっているのか考えてみよう．木々の緑が目に入ったら，「なぜ，緑色に見えるのだろう？」と疑問に思い，化学の目で見つめれば，きっと新たな発見が待っている．そして，この世界の美しさをよりいっそう味わうことができるだろう．

まさしく，化学は，大いなる自然とヒトの知恵とのコラボによって誕生した科学であり，芸術（アート）であるといえよう．

それでは，身のまわりにある物質をめぐりながら，その根源を探る，化学の旅に出かけよう．

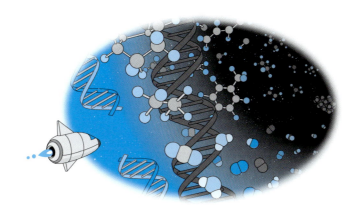

1 身近な物質を見てみよう

　すべての物質は**原子**からできている．原子は 100 種類以上あることがわかっている．原子はとても小さくて，私たちの目には見えない．そのような原子を，**化学**という目によって，あたかも自分が見てきたかのように想像することができれば，物質のさまざまな謎に迫ることができる．まずは，身近にある簡単な物質から見てみよう．

1・1　身近な物質を分けてみよう

　コップの中に入った水を捨てて半分だけ残す．さらに，半分捨てて，半分残す．この操作を続けていっても，コップに残っているのは**水**という物質である（図 1・1）．しかし，このような操作を永遠に繰返すことはできない．水の量が少なくなって，半分にしていくことは難しくなるけれど，理由はそれだけではない．究極的には，このような操作を続けていくと，それ以上分けられない水という物質の**最小単位**にたどりつく．つまり，水素という原子 2 つと酸素という原子 1 つが結合した単位

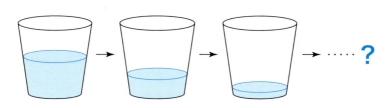

図 1・1　水を半分ずつにしていくと…

がコップの中に残り（図1・2），もうこれ以上，水という物質を半分に分けることはできない．

同じように，空気を容器に分けていこう．やはり，これ以上分けられない最小単位にたどりつく．ある場合には窒素という原子2つが結合した単位が残り，ある場合には酸素という原子2つが結合した単位が容器の中に残る（図1・2）．

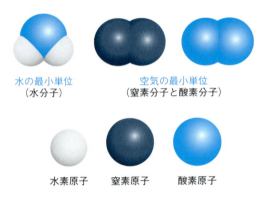

図1・2　水と空気の最小単位とそれを構成する原子

このように，すべての物質は，原子が結合してできている．水のように，2種類以上の原子が結合した物質を**化合物**といい，空気中の窒素や酸素のように1種類の原子だけからなる物質を**単体**という（図1・3）．

水は，水素原子2つと酸素原子1つからなる同じ単位だけを含む．このように1種類だけの化合物あるいは単体からなる物質を**純物質**という．それに対し，空気は窒素原子からなる単位と酸素原子からなる単位が混ざっている．このように2種類以上の化合物あるいは単体が混ざってできる物質を**混合物**という．

今度は，**食塩**について見てみよう．食塩は塩化ナトリウムという物質からなり，ナトリウムという原子と塩素という原子が結合してできている．このことから，食塩は水と同様に"化合物"であり，"純物質"である．一方，食塩を水に溶かすと無色透明の**食塩水**ができる．見た目は水と変わりはないが，塩化ナトリウムと水という2種類の化合物からなるので"混合物"である（図1・3）．

このように，身近な物質を分けていくと物質の最小単位にたどりつき，いくつかの種類に分けられることがわかる．

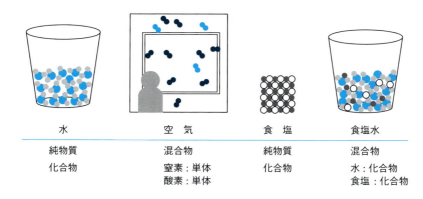

図1・3 身近な物質の分類

1・2 原子はつながって物質をつくる

　これまでに見てきた水や空気（窒素や酸素）の最小単位はそれぞれ決まった構造や形をもっている．このように原子どうしが結合してできた物質の最小単位を**分子**という（図1・2）．あとでふれるように，身近な物質の多くは分子を単位として存在している．

　一方，塩化ナトリウムでは，ナトリウム原子と塩素原子が結合しているが，図1・4に示すように，原子は規則性をもちながら無数につながっていて，はっきりした区切りがない．このように，分子という一定の単位をもたない物質もある．

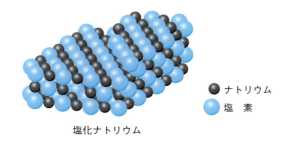

塩化ナトリウム

図1・4　塩化ナトリウムの構造の一部

1・3 物質の表し方：元素記号

　これまでに水素，酸素，窒素，ナトリウム，塩素という原子が登場してきた．

このような原子は100種類以上あることがすでにわかっている．原子の種類のことを**元素**といい，これらを区別するために，記号が用いられる．水素は英語のhydrogenの頭文字をとってH，酸素はoxygenの頭文字をとってOと表す．このHやOという文字を**元素記号**＊という（表2・1）．つまり，"元素記号"は，原子の種類を表す記号である．

水分子は，1つの酸素原子に2つの水素原子が結合してできているので，元素記号を使って，

$$\text{H}-\text{O}-\text{H}$$

と表せる．ここで，1本の棒はHとOが結合していることを示している（2・5・3項）．あるいはもっと簡単に，

$$\text{H}_2\text{O}$$

と書く．下付きの2は水素原子Hが2つ含まれることを意味する．酸素原子Oのように1つだけ含まれる場合，その数字は省略する．したがって，"H_2O"は水素原子2つと酸素原子1つからなる分子を表す．このように分子を元素記号で表したものを**分子式**という．

空気中の窒素分子は窒素原子2つが結合しているので，窒素の元素記号Nを用いて，

$$\text{N} \equiv \text{N} \quad \text{または} \quad \text{N}_2$$

と表される．酸素分子は，酸素の元素記号Oを用いて，

$$\text{O} = \text{O} \quad \text{または} \quad \text{O}_2$$

と表される．NとNやOとOを3本の線や2本の線で結んでいる理由は2・5・4項で説明する．

塩化ナトリウムは無数のナトリウム原子Naと塩素原子Clからなるが，その割合はいつも1:1である．このような場合にも（Na_1Cl_1の1を省略して）NaClと表す．このNaClは，2つの原子からなる単位を表しているのではなくて，含まれる元素の割合を示す式であり，**組成式**という．分子式と見かけは同じだが，意味が異なるので注意しよう．

＊　ナトリウムの元素記号はNaであるが，これは英語名のsodiumではなく，ドイツ語名のNatriumからきている．このように元素記号は英語名，ドイツ語名，ラテン語名などから，最初の1文字や2文字を用いて表すことが多い．ただし例外もあり，たとえば塩素の英語名はchlorineであるが，元素記号はClである．

1・4 原子はものすごく小さい

　原子はとても小さな丸い粒子である．直径は原子の種類によって異なるが，おおよそ 10^{-10} m 程度である．10^{-10} m は"10 のマイナス 10 乗（じょう）メートル"とよみ，1 m を 1/10 にする操作を 10 回繰返したときの長さである．また，10^{-10} はゼロを 10 個つけた小数と同じ値である．

$$10^{-10} \text{ m} = 0.000\,000\,000\,1 \text{ m}$$

　人間から見て，原子がどのくらい小さいか想像してみよう．人間と原子の大きさの割合は，地球と砂粒 1 つの割合と同じ程度である．

$$\text{人間：原子 ＝ 地球：砂粒}$$

たとえば，身長 1 m 30 cm の子供がひと粒の原子を見ようとする様子は，直径 1 万 3000 km の地球サイズの巨人が 1 mm の砂ひと粒を見ようとするのと同じである（図 1・5）．

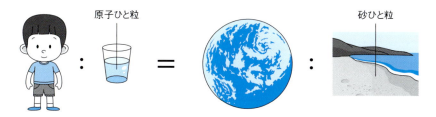

図 1・5　原子はものすごく小さい　人間：原子 ＝ 地球：砂粒

　水のようになめらかで連続したように見える物質も，粒子状の原子がつながった分子という粒子からなっている．しかし，分子はとても小さいので，私たちはコップに入った水が粒子の集まりであると意識することはないだろう．

　原子や分子のような小さな世界を化学ではナノメートル（nm）という長さの単位で表す（表 1・1）．1 メートルの千分の一が 1 ミリメートル（mm）であり，その千分の一を 1 マイクロメートル（μm）という．さらにその千分の一を 1 ナノメー

表 1・1　長さの単位

	m で表すと	指数で表すと	読み方
1 m			
1 mm	0.001 m	10^{-3} m	ミリメートル
1 μm	0.000 001 m	10^{-6} m	マイクロメートル
1 nm	0.000 000 001 m	10^{-9} m	ナノメートル

トル (nm) というが，原子の大きさはこれより十分の一ほど小さく，0.1 nm 程度である．このように原子や分子の世界は"**ナノ**"という言葉によって表すことができる．

原子や分子はとても小さいので，目で見えるくらいの量の物質は，膨大な数の原子や分子が集まってできている．コップ一杯くらいの 180 mL の水には，水分子が 6×10^{24} 個含まれており，水素原子と酸素原子あわせて 1.8×10^{25} 個の原子が含まれている．1.8×10^{25} 個は，1.8 を 10 倍にする操作を 25 回繰返して得られる数である．

$$1.8 \times 10^{25} 個 = 18\,000\,000\,000\,000\,000\,000\,000\,000 個$$

どうしてこのような計算ができるかは，3 章にたどりつけばわかる．

問　題

1・1　つぎの物質は，純物質か混合物のどちらであるか．a) 海水，b) ダイヤモンド，c) ドライアイス，d) 砂糖水，e) 5 円玉

1・2　窒素原子と酸素原子がつぎのように結合した分子の分子式を書け．a) 窒素原子 1 つと酸素原子 2 つ，b) 窒素原子 2 つと酸素原子 1 つ

1・3　分子のような単位はないが含まれる原子の割合がつぎのように決まっている物質の組成式を書け．a) カリウム K とヨウ素 I が 1 : 1，b) カルシウム Ca と塩素 Cl が 1 : 2

1・4　砂粒を一列に地球の直径分だけ並べる．それと同じ数だけ原子を一列に並べると，どのくらいの長さになるか．

1・5　直径 0.1 nm の原子を一列に 1 cm 並べたとすると，何個並ぶか．

2 物質の成り立ち

　これまでに，物質は原子でできており，原子が結合して分子やその他の物質ができることを述べた．ここでは，まず原子がどのような姿をしているか，そして，原子の種類の違いは何に由来するのか見てみよう．さらに原子は，どのように結合して物質を構成するのか探っていこう．

2・1　原子はさらに小さい粒子からなる

　SF映画『ミクロ決死圏』にあやかって，ナノサイズの"潜航艇"に搭乗して「原子をめぐる旅」に出かけよう（図2・1）．原子に接近していくと，しだいに球状の雲におおわれた原子の姿が現れる．さらに近づいて雲の中に突入すると，"負"の電荷をもつ電子という粒子が飛びまわっているのが見える．それからかなり長い時

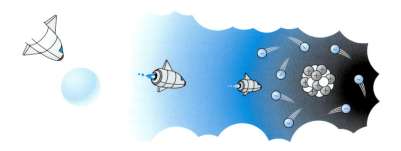

図2・1　原子をめぐる旅　原子は正の電荷をもつ陽子と電荷をもたない中性子からなる核，および負の電荷をもつ電子で構成される

間かけて奥深く進んでいくと,やっと原子の中心にたどりつく.その中心には"正"の電荷をもつ**陽子**という粒子と電荷をもたない**中性子**という粒子が**核**(**原子核**)というかたまりとなって存在している.

具体的に,水分子を構成する水素原子と酸素原子について見てみよう.

水素原子はもっとも簡単な原子であり,陽子1個と電子1個からなる(図2・2).反対の符号の電荷をもつ陽子と電子は,互いに引きつけあっており,電子は陽子よりもずっと質量が小さいため[*1],陽子のまわりを電子が飛びまわっていると考えられる.

酸素原子では,8個の陽子と8個の中性子によって核が構成され,そのまわりを8個の電子が飛びまわっている.中性子の質量は陽子とほぼ同じである[*1].

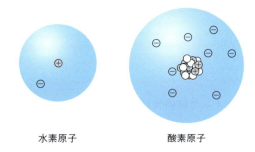

図2・2 **水素原子と酸素原子** 水素原子は1個の陽子⊕からなる核と1個の電子⊖でできている.酸素原子は8個の陽子⊕と8個の中性子○からなる核と8個の電子でできている

先ほどの「原子をめぐる旅」では,原子は球状の雲のような姿をしていた.雲の正体は飛びまわっている電子であり,核のまわりを囲む空間に均一に存在するため,遠くから見るとそのように見えたのである.よって,原子の大きさは電子が存在する空間の範囲に相当する.また,"潜航艇"が核にたどりつくまで長時間かかったように,原子の大部分は電子の存在する空間で占められている[*2].

2・2 原子の構成

これまでに原子は核(原子核)と電子からなり,核は陽子と中性子からなるこ

[*1] 陽子と中性子の質量は 1.67×10^{-27} kg,電子の質量は 9.11×10^{-31} kg である.
[*2] 原子の大きさをドーム球場にたとえると,核はとても小さくビー玉くらいになる.

とを見てきた（図2・3）．陽子1個の正電荷と電子1個の負電荷の大きさは同じであり，陽子と電子の数も同じであるので，これらの電荷は打ち消しあって，原子は正味の電荷をもたない（**電気的に中性**であるという）．

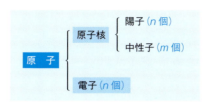

図2・3 原子の構成 陽子数 n を"**原子番号**"といい，原子中の電子数 n と等しい．原子の質量は陽子と中性子の質量の和に等しく，陽子数と中性子数の和 $(n+m)$ のことを"**質量数**"という

原子中の陽子数 n のことを**原子番号**という（図2・3）．陽子数は原子中の電子数と等しい．図2・2で見たように，水素原子 H は1個の陽子をもつので原子番号は"1"であり，酸素原子 O は8個の陽子をもつので原子番号は"8"となる．

元素は，原子番号によって区別されるが，これまでに100以上知られている．表2・1には原子番号1から20までの元素を示した．

陽子と中性子の質量はほぼ同じで，それに比べて電子の質量はきわめて小さいため，原子の質量は陽子と中性子の質量の和とほぼ等しい．陽子数と中性子数の和 $(n+m)$ を**質量数**という（図2・3）．たとえば，

水素原子：陽子数 1 ＋ 中性子数 0 ＝ 質量数 1

酸素原子：陽子数 8 ＋ 中性子数 8 ＝ 質量数 16

元素によっては，中性子数の異なるものが存在する．たとえば，6個の陽子をもつ原子番号6の炭素原子 C には，中性子が"6個"の ^{12}C と中性子が"7個"の ^{13}C がある．両者は，元素記号の左肩に質量数を示して区別する．このように，同じ元素で中性子数の異なるものを互いに**同位体**であるという．つまり，炭素原子には質量数12の同位体と質量数13の同位体がある＊．

＊　炭素原子の99％が ^{12}C として存在する．水素原子には ^{1}H と ^{2}H があるが，その99.9％は ^{1}H である．酸素原子には ^{16}O，^{17}O，^{18}O があるが，そのほとんどが ^{16}O である．塩素原子では ^{35}Cl が76％，^{37}Cl が24％であり，このようにどれかひとつに偏らない場合もある．

表 2・1　原子番号 1 から 20 までの元素

原子番号	元素記号	元素名	原子番号	元素記号	元素名
1	H	水素	11	Na	ナトリウム
2	He	ヘリウム	12	Mg	マグネシウム
3	Li	リチウム	13	Al	アルミニウム
4	Be	ベリリウム	14	Si	ケイ素
5	B	ホウ素	15	P	リン
6	C	炭素	16	S	硫黄
7	N	窒素	17	Cl	塩素
8	O	酸素	18	Ar	アルゴン
9	F	フッ素	19	K	カリウム
10	Ne	ネオン	20	Ca	カルシウム

2・3　原子の種類：電子配置と周期表

電子は核のまわりを飛びまわっているといったが，まったく自由にというわけではなく，実際に電子がとりうる状態は決まっている．原子中では，電子は核のまわりの**軌道**という空間に存在する．さらに軌道は図 2・4 に示すように，**殻**（**電子殻**）にまとめられ，内側から順に **K 殻**（軌道 1 つ），**L 殻**（軌道 4 つ），**M 殻**（軌道 9 つ），…と区別される．

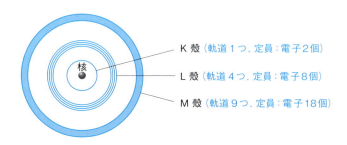

図 2・4　電子が存在する軌道と殻

原子中の電子はエネルギーの低い軌道から順に入っていく．そして，各軌道には定員があり，1 つの軌道には電子は "2 個" までしか入れない．したがって，K 殻，L 殻，M 殻の定員は，それぞれ電子 2 個，8 個，18 個となる（図 2・4）．図 2・5 は電子が軌道にどのように入っているか，各元素の**電子配置**を示したものである．

一般に，軌道のエネルギーは核に近い内側ほど低くなる．ただし例外もあり，たとえば，M 殻と N 殻（軌道の数 16）の一部の軌道でエネルギーの逆転が見られる．

2・3 原子の種類：電子配置と周期表

そのため，K殻（2個）→ L殻（8個）→ M殻（8個）→ N殻（2個）→ M殻（10個）→ … の順に電子が入っていく．よって，図2・5に示したように，原子番号19のカリウムKではN殻に電子1個，原子番号20のカルシウムCaではN殻に電子2個が入ることになる．以後も同様に，軌道におけるエネルギーの逆転が見られる．

この図を縦に見ていくと，もっとも外側の殻（**最外殻**という）にある電子の数が同じになっている．この縦の並びを**族**という．たとえば，水素，リチウム，ナトリウム，カリウムは最外殻の電子が1個であり，1族元素に分けられる．一方，横に見ていくと，最外殻の電子が1個ずつ増えていき，定員に達することがわかる．こ

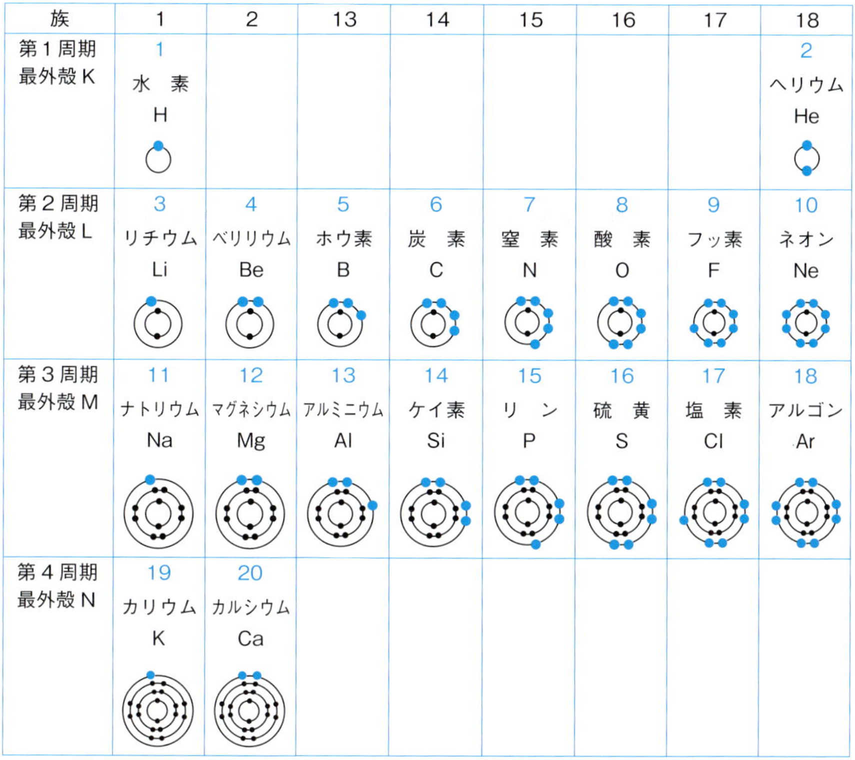

族	1	2	13	14	15	16	17	18
第1周期 最外殻K	1 水素 H							2 ヘリウム He
第2周期 最外殻L	3 リチウム Li	4 ベリリウム Be	5 ホウ素 B	6 炭素 C	7 窒素 N	8 酸素 O	9 フッ素 F	10 ネオン Ne
第3周期 最外殻M	11 ナトリウム Na	12 マグネシウム Mg	13 アルミニウム Al	14 ケイ素 Si	15 リン P	16 硫黄 S	17 塩素 Cl	18 アルゴン Ar
第4周期 最外殻N	19 カリウム K	20 カルシウム Ca						

図2・5 周期表と電子配置 それぞれの元素について，原子番号，元素記号，そして電子配置を示した．大きな○は殻を表し，内側から，K殻，L殻，M殻，N殻となっている．最外殻の電子は色丸●で表し，それ以外の電子は黒丸●で表す．3族から12族については省略している

の横の並びを**周期**という．このようにして，元素を原子番号順に並べた表のことを**周期表**という．周期表には，原子番号，元素記号，元素名，原子量などが記載されている（裏表紙参照）．周期表からは，いろいろと役に立つ情報が得られる．たとえば，同じ族に属する元素は似た性質をもつことがわかっている．このように，元素の性質が周期的に変化することを元素の**周期律**という．

以上のことから，原子の種類の違いは電子配置の違いに由来することがわかる．特に，**最外殻電子**（**価電子**ともいう）の状態によって原子の性質がほぼ決まる．

2・4 多くの元素はイオンになりやすい

各元素は決まった数の電子をもつが，その多くは原子の状態では不安定であり，電子を失ったり得たりして**イオン**になる性質がある．

ただし，18族の元素は非常に安定であり，原子の状態で存在する．これらの元素では最外殻が定員いっぱいになっており（図2・5），電子をやりとりするよりも，このままの状態を保つほうが安定である．そのため，他の元素も18族と同じ電子配置をとろうとする．

たとえば，水素H，リチウムLi，ナトリウムNa，カリウムKなどの1族元素は，最外殻にある1個の電子を失いやすい．ナトリウムは1個の最外殻電子を失うと，ネオンNeと同じ安定な電子配置になる（図2・6a）．負電荷をもつ電子e^-が放出されて，ナトリウム原子は正電荷をもったイオンになる．この状態を元素記号にプラスをつけて表す．

$$Na \longrightarrow Na^+ + e^-$$

ナトリウムイオンNa^+のように，電子を失って正電荷を帯びた原子（分子）のことを**陽イオン**（**カチオン**）という[*]．

同様に，2族元素のマグネシウムMgやカルシウムCaは，電子2個を失ってマグネシウムイオンMg^{2+}やカルシウムイオンCa^{2+}になりやすい．

ここでNa^+のように電子1個を失ったものを"1価"の陽イオン，Mg^{2+}のように電子2個を失ったものを"2価"の陽イオンという．

周期表の右から2番目の17族のフッ素F，塩素Clなどは，最外殻に7個の電子をもち，あと電子1個を受取ると，18族元素と同じ電子配置になる．

---

[*] 陽イオンの名称は，Na^+をナトリウムイオンというように，元素名に"イオン"をつける．

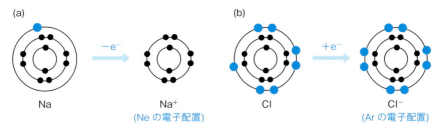

図 2・6　原子は陽イオンや陰イオンになる

　たとえば，塩素 Cl は電子 1 個を受取ると，アルゴン Ar と同じ電子配置になる（図 2・6b）．電子が 1 個増えて負電荷を帯びた状態を，元素記号にマイナスをつけて表す．

$$\text{Cl} + \text{e}^- \longrightarrow \text{Cl}^-$$

　塩化物イオン Cl^- のように，電子を得て負電荷を帯びた原子（分子）のことを**陰イオン（アニオン）**という*．

　同様に，16 族の元素は電子 2 個を受取って，たとえば酸化物イオン O^{2-} のような陰イオンになる．

　ここで Cl^- のように電子 1 個を得たものを"1 価"の陰イオン，O^{2-} のように電子 2 個を得たものを"2 価"の陰イオンという．

2・5　化学結合：原子やイオンは結合する

　通常の物質は，非常に多くの原子が集まってできているが，それら原子どうしは**化学結合**によって結びついている．化学結合にはいくつかの種類がある．ここでは原子と原子がどのように結合して物質を構成しているか見てみよう．

2・5・1　イオン結合：食塩

　食塩の主成分は，塩化ナトリウム NaCl であり，ナトリウムイオン Na^+ と塩化物イオン Cl^- が 1：1 で含まれる．正電荷と負電荷は互いに引きあうので，Na^+ と Cl^- は交互に結合して，図 2・7 に示すような規則的な構造をとる．このような正電荷と負電荷の引力によるイオンどうしの結合を**イオン結合**という．

　また，このように原子が三次元的に規則正しく配列してできている物質のことを

---

　*　陰イオンの名称は，元素名をそのまま用いるのではなく，Cl^- を塩化物イオン，O^{2-} を酸化物イオンというように，"〇〇化物イオン"とする約束になっている．

結晶という．

図2・7 塩化ナトリウム

2・5・2 金属結合：鉄

身のまわりにはたくさんの種類の**金属**がある．鉄Feは原子番号26の元素であり，鉄原子は電子を2個あるいは3個放出して，2価あるいは3価の陽イオンになりやすい*．

$$Fe \longrightarrow Fe^{2+} + 2e^- \quad\text{あるいは}\quad Fe \longrightarrow Fe^{3+} + 3e^-$$

鉄原子だけからなる物質の場合，鉄原子が電子を放出しようとしても，塩化ナトリウムの場合のように電子を受取る相手がいない．このような場合，負電荷をもつ電子が正電荷をもつ鉄イオンのあいだに入って，鉄イオンどうしの結合を媒介する．このような結合を**金属結合**という（図2・8）．金属の鉄では，鉄イオンが規則的に並んでおり，食塩と同様に"結晶"の状態をとる．

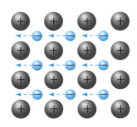

図2・8 **金属の結晶** 金属陽イオンを電子がつなぎ止めている．電圧をかけると電子が動き，電流が流れる

結合を媒介する電子は，個々の鉄イオンにそれほど強く引きつけられていないので，鉄イオンのあいだを自由に移動できる．そのため，金属の鉄は電気を通すことができる（5・1節）．この性質は鉄に限らず，金属の大きな特徴であるが，ほかにも金属は，光沢がある，長く伸び，薄く広げやすい，熱を伝えやすいなどの特徴をもつ（4・2節）．金属になる元素は周期表の左側に見られるが（裏表紙参照），これらは陽イオンになりやすい元素である．

---

* 原子番号21以降の元素では，価電子数が18族の元素と同じになるという傾向が成り立たない場合が多い．

2・5・3 共有結合：水素分子と水分子

これまでに登場した，水 H_2O，窒素 N_2，酸素 O_2 などの分子では，原子はどのように結合しているだろうか．これらの分子に含まれる元素は，水素 H を除いて，どれも周期表の中ほどにある（図2・5）．これらの原子が最外殻電子を8個にするには，多くの電子を失ったり得たりする必要があるために，それほどイオンになりやすくはなく，イオン結合や金属結合は形成しない．

では，どのようにして結合するのだろうか．まず，もっとも単純な水素原子を例に取上げよう（図2・9）．水素原子2つが結合して水素分子がつくられる．

$$H-H \quad \text{または} \quad H_2$$

水素原子では，ヘリウムと同じようにK殻に2個の電子が入った状態が安定である．2つの水素原子が1個ずつ電子を出しあって"**共有**"すれば，それぞれの原子はヘリウムと同じ電子配置になる．この状態が水素原子にとってより安定な状態であり，こうして水素分子が形成される．このように電子を共有してできる結合を**共有結合**とよぶ．

図2・9　水素分子は水素原子が共有結合してできる

酸素原子 O の最外殻（L殻）の電子は6個であり，ネオンと同じ電子配置になるために，あと2個の電子が必要となる．そこで，図2・10のように酸素原子は2

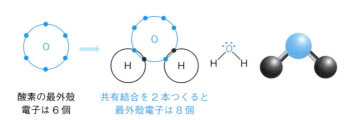

図2・10　**水分子**　酸素原子は2個の最外殻電子で2本の共有結合をつくる

つの水素原子と共有結合してL殻の電子を8個とし，水分子H_2Oを形成する．ここでL殻の電子6個のうち，共有結合に使われた電子は2個であり，残り4個は余っている．これらの余った電子は2個ずつで1つの対をなしている．このように結合に関与しない電子対のことを**孤立電子対**（**非共有電子対**）という．水分子は"く"の字の構造をしているが，酸素原子の孤立電子対のところに相手の原子がないことを考えると納得がいく．

以上のように，水素分子や水分子では水素原子や酸素原子が"一組"の電子対を共有して結合しているが，H–HやH–O–Hにおける1本の線はこの一組の電子対による共有結合を表している．このような結合を**単結合**という．

2・5・4 多重結合：酸素分子と窒素分子

つぎに，酸素分子O=Oと窒素分子N≡Nについて見てみよう．

酸素原子は最外殻（L殻）の電子が6個なので，あと2個獲得すると安定になる．そこで，酸素原子は互いに2個ずつの電子を出しあって"二組"の電子対を共有し，酸素分子を形成する．したがって，O=Oにおける2本の線はこの二組の電子対による共有結合を表している．このような結合を**二重結合**という（図2・11）．

窒素原子はL殻の電子が5個なので，あと3個獲得すると安定になる．そこで，窒素原子は互いに3個ずつの電子を出しあって"三組"の電子対を共有し，窒素分子を形成する．したがって，N≡Nにおける3本の線は三組の電子対による共有結合を表している．このような結合を**三重結合**という（図2・11）．

二重結合と三重結合をまとめて**多重結合**ということがある．

図2・11　二重結合と三重結合

共有結合では，差し出す1個の電子を1本の"手"とみなし，原子どうしが互いに"手"を差し出しあって結合すると考えることができる．すでに見たように，各原子によって"手"の数は決まっており，水素原子は1本，炭素原子は4本（4・4節），窒素原子は3本，酸素原子は2本である．単結合は1本，二重結合は2本，

三重結合は3本の"手"を差し出してつくられる．この様子を図2・12に示した．

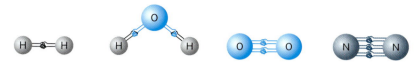

図2・12　共有結合は原子どうしの握手

問　題

2・1　つぎの原子において，陽子，中性子，電子の数はそれぞれいくつか．a) 質量数1の水素 ^{1}H，b) 質量数2の水素 ^{2}H，c) 質量数14の窒素 ^{14}N

2・2　つぎの元素の組合わせは，同じ族に属するか，違う族に属するか．a) リチウム Li とカリウム K，b) 炭素 C とケイ素 Si，c) 炭素 C と酸素 O

2・3　つぎの原子において，陽子と電子の数はそれぞれいくつか．a) ホウ素 B，b) ネオン Ne，c) カルシウム Ca

2・4　つぎのイオンにおいて，陽子と電子の数はそれぞれいくつか．a) 水素イオン H$^+$，b) ナトリウムイオン Na$^+$，c) 塩化物イオン Cl$^-$

2・5　二酸化炭素分子は，炭素原子1つと酸素原子2つが共有結合してできる．炭素と酸素はどのような順番で結合しているか．また，それぞれの結合は単結合，二重結合，三重結合のうちどれか．

3

物質の変化を探る

　身のまわりでは、さまざまな"変化"がおこっている。水は温度を変化させると、氷になったり、水蒸気になったりする。コップの中の水に食塩を入れると、溶けて見えなくなる。ガスに火をつけると、炎を出して燃えあがる。このように物質が変化するとき、原子や分子の世界では何がおこっているのだろうか。

3・1　なぜ、水は状態を変化させるのか

　室内においてあるコップの中の**水**を、冷凍庫に入れると、水は凍って**氷**になる。一方、コップの中の水を鍋に移して、火にかけると、**水蒸気**となって空中に消えていく。

　なぜ、このような状態の変化がおこるのだろうか。"分子の運動"と"分子間にはたらく力"に注目して、謎を解いてみよう。

　コップの中の水は静かにたたずんでいるように見える。ところがこれを分子レベルで見てみると、外からの様子とは異なって、水分子は1秒間に数百メートルもの速さで動いており、すぐ隣の水分子と絶えず衝突を繰返している。

　一方、水分子のあいだには力がはたらいて、互いに引きつけあっている。このような引力を**分子間力**という。水分子内の共有結合と比べて、分子間力はそれほど強くはない。

　このような"分子の運動"と"分子間力"によって、コップの中の水分子は互いに位置を入れ替えながら、引きつけあって運動している（図3・1）。そのため、水は決まった形をもたず、容器の形にあわせてその姿を自在に変化させることができ

る．このような流動性をもつ物質の状態を**液体**という．

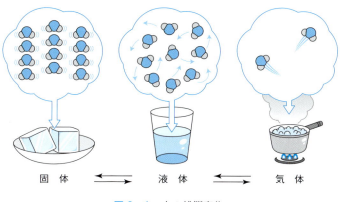

図3・1　水の状態変化

　つぎに，室温においたコップの水を冷凍庫に入れてみよう．しばらくすると，液体の水は凍って氷になる．氷には流動性はなく，コップから取出しても，もとの形を保っている．これは，温度が低くなると，"分子の運動"が緩やかになるため，"分子間力"のほうが優勢になり，分子がそれぞれの位置に固定されることによる（図3・1）．このような物質の状態を**固体**という．

　今度は，コップの水を鍋に入れて火にかけてみよう．温度が高くなると"分子の運動"が激しくなり，"分子間力"よりも優勢になるので，水分子どうしは離れ離れになって飛びだしていく（図3・1）．コップ1杯の水から蒸発した水蒸気の体積は，浴槽1杯ぶんくらいに広がる．このように分子がばらばらに飛びまわっている状態を**気体**という．

3・2　溶けるってどういうこと

　白い粒の食塩をコップの中の水に入れて混ぜると，その姿は消えてなくなるが，このとき何がおこっているのだろう．水をなめてみると塩辛いので，食塩は確かに存在している．水に入れるまえ，食塩は固体の状態にあり，ナトリウムイオン Na^+ と塩化物イオン Cl^- は互いに結合している．図3・2に示すように，水の中に入れてかき混ぜると，多くの水分子が塩化ナトリウムのかたまりに激しく衝突を繰返し，かたまりをばらばらにして，ついには Na^+ や Cl^- が1個ずつ水分子に取囲まれた状態になる．これが"**溶ける**"（**溶解する**）という現象である．物質が水に溶けてい

るとき,透き通って向こう側がはっきりと見える.

　以上のように,物質を溶かす液体を**溶媒**,溶けた物質を**溶質**といい,物質が溶けて均一に混ざっている液体を**溶液**という.この場合は,水が溶媒,塩化ナトリウムが溶質,食塩水が溶液である.また,溶媒が水である溶液を特に**水溶液**という.

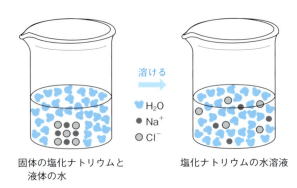

固体の塩化ナトリウムと　　　　塩化ナトリウムの水溶液
液体の水

図 3・2　溶けるってどういうこと　コップの中に入った食塩の粒（溶質）は
ばらばらになって,水分子（溶媒）に取囲まれる

　では,なぜ水はイオンを取囲んで,安定な状態をつくることができるのだろうか.水分子では,酸素原子のほうが水素原子よりも電子を引きつける力が大きいので,酸素の側が"負"の電荷を帯び,水素の側が"正"の電荷を帯びているからである.このため,水分子は陽イオンを酸素の側を向けて取囲み,陰イオンを水素の側を向けて取囲むことで,安定な状態が生じる（図3・3）.このことを**水和**という.

　このように電荷の偏りをもつ水分子は,水分子どうしでも互いに引きあっている.図3・3に示したように,水分子どうしは水素原子を介して結ばれており,こ

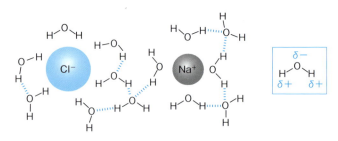

図3・3　イオンの水和と水素結合　‥‥‥は水分子どうしの水素結合を示す.
"δ+"や"δ-"はそれぞれ正電荷,負電荷を帯びていることを示す

のような結合を**水素結合**という．すでに見た，液体の水や固体の氷において水分子間にはたらく引力は，この水素結合によるものである*．

水がさまざまな物質を溶かしたり，同じような質量をもつ分子に比べて沸点が異常に高いなど，特異な性質をもつのは，水分子間に水素結合が生じるためである．

水素結合はさまざまなところで重要なはたらきをしており，以下の章でもたびたび登場する．

3・3 燃えるってどういうこと

コンロの元栓を開けて，ガスに火をつけると炎を出して燃えあがる．このように物質が燃えるときに，どのようなことがおこっているのだろうか．

家庭用の都市ガスの主成分は"メタン"CH_4 という気体である．メタンは1つの炭素原子に4つの水素原子が結合した分子である（4・5・1項）．メタンに火をつけると空気中の酸素分子と反応して，原子どうしの組合わせが変化した新しい分子ができる（図3・4）．このように，物質が酸素と反応して，光や熱を発する現象を**燃焼**という．

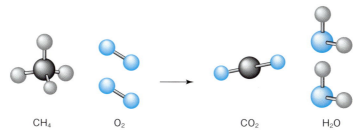

図3・4　**メタンの燃焼**

メタンの燃焼では，メタン分子1つに対し，酸素分子2つが反応し，二酸化炭素分子1つと水分子2つができる．この反応は，つぎのように表される．

$$CH_4 + 2O_2 \longrightarrow CO_2 + 2H_2O$$

このように原子と原子の結合の組換えが生じる変化を**化学反応**という．上記のように，化学反応を表す式を**化学反応式**という．これについては3・5・1項で改めて説明する．

＊　分子間力にはいくつかの種類があるが，そのなかでも水素結合は強い部類に入る．

メタンの燃焼では炎を出しながら激しく酸素と反応するが，一方で，物質が穏やかに酸素と反応する現象も見られる．たとえば，鉄くぎが"さびる"という現象は，鉄が酸素とゆっくり反応して酸化鉄が生じることによる．このように酸素との反応には2つの場合があり，これらを称して**酸化反応**という．物質の燃焼は酸化反応の一種である．酸化反応は形を変えて，5章などで再び登場する．

3・4　酸と塩基はどのようなもの

"酸"と"塩基"という物質は，私たちのくらしに深くかかわっている．"酸"はレモンやミカンにも含まれ，"酸っぱい（すっぱい）"味がする．一方，"塩基"はセッケンにも含まれ（8・1・1項），"苦い（にがい）"味がして，ぬるぬるしている*．また，"酸"と"塩基"は生命を維持するために重要な役割をもっている（7章）．

ここでは簡単な例をあげて，"酸"と"塩基"がどのような物質であるか見てみよう．

塩化水素 HCl は気体であり，その水溶液である塩酸は工業や実験室などでよく用いられる（図3・5）．ちなみに，胃液も塩酸である．

図3・5　塩酸は塩化水素の水溶液である

塩化水素は水素原子と塩素原子が共有結合しているが，水に溶かすと，ほとんどすべてが水素イオン H^+ と塩化物イオン Cl^- に分かれる（図3・6）．

図3・6　塩酸は強酸である

---

* 以下に紹介する塩酸や水酸化ナトリウムを決してなめてはいけないし，触れないこと．

このように，水素イオンを与える物質を**酸**という．

以上の変化を化学反応式で表すと，

$$HCl \longrightarrow Cl^- + H^+$$

となる．反応が一方向に進むので，右向き矢印（→）を使って書き表す．

塩化水素のように，ほぼ完全に分かれて水素イオンを生じる酸を**強酸**という．

料理に使われる"食酢"は，酢酸という分子の水溶液である（図3・7）．

図3・7 食酢は酢酸の水溶液である

水中で，酢酸分子 CH_3COOH は1価の陰イオン CH_3COO^- と水素イオン H^+ に分かれる（図3・8）．

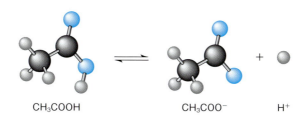

図3・8 酢酸は弱酸である

ただし，酢酸の場合は，ほとんどが CH_3COOH として存在し，ごくわずかの水素イオンしか与えない．このような酸を**弱酸**いう．以上の変化を化学反応式で表すと，

$$CH_3COOH \rightleftharpoons CH_3COO^- + H^+$$

となる．反応が両方向に進むので右矢印と左矢印を使って書いたが，大部分が酢酸分子のままなので，⇌ のように左向きの矢印を長くして書いてもよい．

つぎに，"塩基"について見てみよう．

水酸化ナトリウム NaOH は，ナトリウムイオン Na$^+$ と水酸化物イオン OH$^-$ がイオン結合してできた固体であり，"苛性ソーダ"ともよばれる（図3・9）．塩酸と同様に，工業や実験室でよく用いられる．

図3・9　水酸化ナトリウム
空気中に放置すると，水分を吸って溶けた状態になる

水酸化ナトリウムを水に溶かすと，イオン結合は切れて，ほとんどすべてがナトリウムイオン Na$^+$ と水酸化物イオン OH$^-$ に分かれる（図3・10）．

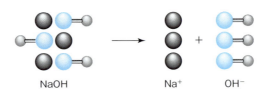

図3・10　水酸化ナトリウムは強塩基である

以上の変化を化学反応式で表すと，

$$\mathrm{NaOH} \longrightarrow \mathrm{Na}^+ + \mathrm{OH}^-$$

となる．さらに，この水酸化物イオンは水素イオンを受取ることができる．

$$\mathrm{OH}^- + \mathrm{H}^+ \longrightarrow \mathrm{H_2O}$$

このように，水素イオンを受取る，あるいは水酸化物イオンを生じる物質を**塩基**という．水酸化ナトリウムのように，ほぼ完全に分かれて，水酸化物イオンを生じる，あるいは水素イオンを受取る物質を**強塩基**という．

炭酸水素ナトリウム NaHCO$_3$ は，ナトリウムイオン Na$^+$ と炭酸水素イオン HCO$_3^-$ がイオン結合してできた固体である（図3・11）．"重曹"ともよばれ，クッ

キーやケーキを膨らませるときにも用いられる（4・2・4項）.

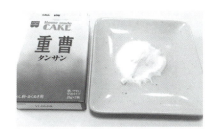

図3・11 重曹（炭酸水素ナトリウム）

炭酸水素ナトリウムを水に溶かすと，ほぼ Na^+ と HCO_3^- に分かれる.

$$NaHCO_3 \longrightarrow Na^+ + HCO_3^-$$

ここで，HCO_3^- は水から水素イオンを受取ることができる.

$$HCO_3^- + H_2O \rightleftharpoons H_2CO_3 + OH^-$$

ただし，ほとんどが HCO_3^- として存在しており，水素イオンを受取るのはごくわずかである．このような塩基を**弱塩基**という．酢酸のときと同様に，$\leftharpoonup\!\!\!\rightharpoondown$ のように左向きの矢印を長くして書いてもよい．

以上のように，水中では"酸"や"塩基"による水素イオンのやりとりが行われている．

3・5　物質の変化や量を表す

物質の変化を理解するには，物質の種類や量などをわかりやすく表記することが必要である．ここでは，化学反応式の見方や物質の量を表す濃度について学ぼう．

3・5・1　化学反応を表す：化学反応式

化学反応を簡潔に表すために，"**化学反応式**"が用いられる．たとえばメタンの燃焼はすでに見たように，

$$CH_4 + 2O_2 \longrightarrow CO_2 + 2H_2O$$

と表される．矢印が反応の進む方向を示し，矢印の左側が反応前の物質，矢印の右側が反応後の物質である．O_2 と H_2O のまえに "2" がついているが，これはそれぞれ 2 分子が反応することを示している．数字のついていない分子では "1" が省略されている．

化学反応において，原子は生成したり消滅したりしないので，「反応の前後で原

子の数は変わらない」ことを，つぎの表をもとに確認しよう．

	左辺		右辺	
	CH_4	$2O_2$	CO_2	$2H_2O$
炭素 C の数	1		1	
水素 H の数	4			4 (2×2)
酸素 O の数		4 (2×2)	2	2 (2×1)

3・5・2 物質の量を表す：モルと原子量

日常生活で取扱う物質には，膨大な数の原子や分子が含まれている．たとえば図3・12 に示すように，

・25 L（リットル）の気体には 6×10^{23} 個の分子が含まれる．
・コップ一杯 180 mL の水には水分子が 6×10^{24} 個含まれる．
・59 g の食塩（NaCl）には Na^+ イオンと Cl^- イオンがそれぞれ 6×10^{23} 個含まれる．

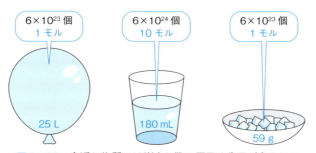

図 3・12　身近な物質には膨大な数の原子や分子が含まれる

いつもこのように 10 の何々乗と表記するのは，とても不便である．そこで，物質の量を表す単位として**モル**（mol）を用いると便利である．「6.02×10^{23} 個を 1 モル」と定める．上記の例をモルで表してみると，

・25 L（リットル）の気体には 1 モルの分子が含まれる．
・コップ一杯 180 mL の水には水分子が 10 モル含まれる．
・59 g の塩（NaCl）には Na^+ イオンと Cl^- イオンがそれぞれ 1 モル含まれる．

という具合に，簡単な数字で表すことができる．これは，鉛筆 12 本をまとめて 1 ダースとよぶことと同じである（図 3・13）．

ところで，なぜ 6.02×10^{23} という数を 1 モルと定めたのだろうか．これは，「質量数 12 の炭素原子が 6.02×10^{23} 個集まったときに，質量が 12 g になる」ことに

3・5 物質の変化や量を表す

由来する（図3・13）．

- 炭素原子（^{12}C）が 6×10^{23} 個集まると 12 g
- 炭素原子（^{12}C）が 1 モル集まると 12 g
- 1 モル $= 6 \times 10^{23}$ 個

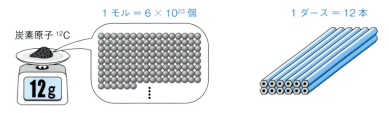

図3・13　モル　物質 1 mol には 6×10^{23} 個の原子あるいは分子が含まれる．これは鉛筆の1ダースを12本とするのと同じことである．6×10^{23} は炭素原子（^{12}C）12 g あたりに含まれる原子数をもとにしている

そして，質量数 12 の炭素原子 ^{12}C の質量を 12 としたときの，各原子の相対的な質量を**原子量**という．ただし，原子の集まりには質量数の異なる"同位体"が含まれるので（2・2節），原子量を求めるときには，このことを考慮しなければならない．たとえば，炭素原子は ^{12}C が 99 %，^{13}C が 1 %存在するので，

$$12 \times \frac{99}{100} + 13 \times \frac{1}{100} = 12.01$$

となり，12 から少しずれる．ここで，原子量には単位がないことに注意しよう．元素の周期表には，このようにして求められた原子量が記されている(裏表紙参照)．

3・5・3　物質の量を表す：濃度

日常生活では水にさまざまな物質を溶かして利用している．食塩水は水に食塩を溶かしたものであるが，この水溶液中に食塩がどのくらい含まれているか知りたいことがある．コップ一杯の水に 1 g の食塩が溶けている食塩水と，コップ半分の水に 0.5 g の食塩が溶けている食塩水は，同じ塩辛さだろうか．このようなときに，物質の"濃さ"を表す濃度を用いると便利である．

ある一定量の溶液あたりに溶けている溶質の量を**濃度**という．濃度の表し方にはいく通りかある．**質量濃度**はパーセント(%)を用いて，

$$質量濃度（％） = \frac{溶質の質量}{溶液の質量} \times 100 \,（％）$$

と表す．パーセント (per cent) は 100 あたり，という意味である．つまり，質量濃度(%)は溶液の質量を 100 として，溶質が含まれる割合を表している．たとえば，3gの塩化ナトリウムが 97g の水に溶けていたら，質量濃度は 3 % となる．

$$\frac{3\,\text{g}}{3\,\text{g}+97\,\text{g}} \times 100\,\% = 3\,\%$$

よく用いられるのが**モル濃度**であり，溶液 1 L（リットル）あたり，何モルの溶質が溶けているかを表す．

$$\text{モル濃度} = \frac{\text{モルで表した溶質の物質量}}{\text{溶液の体積}}$$

たとえば，0.1 mol の塩化ナトリウムが 1 L の溶液に溶けていたら，モル濃度は 0.1 mol L^{-1} である．mol L^{-1} は簡単に M と書くこともある．

モル濃度は溶質を [ ] に書き入れて，つぎのように表される．

$$[\text{NaCl}] = 0.1\,\text{mol L}^{-1} = 0.1\,\text{M}$$

3・5・4　水素イオン濃度：pH

前節でふれた"酸"や"塩基"は水素イオンをやりとりする物質であった．実は，液体状態の水分子 H−O−H も，絶えず結合が切れたりつながったりして，水素イオン H$^+$ と水酸化物イオン OH$^-$ に分かれている（図 3・14）．つまり，水分子は"酸"にも"塩基"にもなる．

図 3・14　水分子 H$_2$O は OH$^-$ と H$^+$ に分かれる

以上の変化を化学反応式で表すと，

$$\text{H}_2\text{O} \rightleftharpoons \text{OH}^- + \text{H}^+$$

となる．実際は，ほとんど左方向（⇽）に進行し，OH$^-$ や H$^+$ として存在するのはごくわずかである．

"酸"や"塩基"の強さは，水素イオンの濃度によって決まる．ここでは，水素イオンの濃度の表し方について見てみよう．

純水中の水素イオン H$^+$ の濃度は，小数で表すと，

$$0.000\,000\,1\,\text{mol L}^{-1}$$

3・5 物質の変化や量を表す

となる.

これをもっと簡潔にする表し方として，**pH**（ピーエイチとよむ）がある．この場合，ゼロの数が7つあるので，pHを"7"として表す．

セッケン水のH$^+$濃度は，0.000 000 001 mol L^{-1}程度，ゼロの数が9つあるのでpHは"9"程度となる．このように，純水よりもH$^+$濃度が低い（pHが大きい）水溶液を**塩基性**であるという．

血液中のH$^+$濃度は，純水と同じpH 7程度である（8・4・1項）．pH 7の水溶液を**中性**であるという．

食酢中のH$^+$濃度は，かなり高く 0.001 mol L^{-1} 程度であり，pHは3程度となる．胃液はさらにH$^+$濃度が高く 0.01 から 0.1 mol L^{-1}，pHが2から1程度である．このように純水よりもH$^+$濃度が高い（pHが小さい）水溶液を**酸性**であるという．

図3・15には，身近な物質のpHを示した．

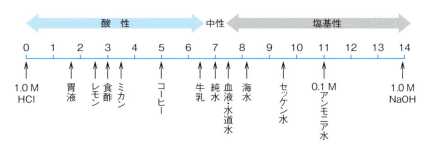

図3・15 身近な物質のpH

ざっとpHについて見てきたが，正確には，pHは水素イオンのモル濃度の常用対数（底を10とする）にマイナスをつけた値と定められている．

$$pH = -\log_{10}[H^+]$$

したがって，純水ならば，

$$pH = -\log_{10} 0.000\ 000\ 1 = 7$$

であり，[H$^+$] = 0.005 mol L^{-1} の水溶液ならば，

$$pH = -\log_{10} 0.005 = 2.3$$

となる．pHが2と3のあいだということは，H$^+$イオンの濃度は，ゼロの数が2つと3つの 0.01 mol L^{-1} と 0.001 mol L^{-1} のあいだであることが，電卓で計算しなくてもわかる．また，pHが1違うと，H$^+$濃度は10倍違うことを表し，pHが大きいほうが，H$^+$濃度が低くなる．

問　題

3・1 つぎの物質の状態は，固体，液体，気体のいずれか．a) 空気，b) ドライアイス，c) サラダ油，d) 輪ゴム

3・2 砂糖水がある．この場合，溶液，溶質，溶媒はそれぞれ何か．

3・3 プロパンの分子式は C_3H_8 である．プロパン 1 分子を燃焼すると何分子の二酸化炭素が生じるか．

3・4 塩酸（HCl の水溶液）と水酸化ナトリウム NaOH を混ぜると，何がおこるか．

3・5 水素分子と酸素分子から水分子ができる反応（水素の酸化反応）を，化学反応式で示せ．

3・6 メタン 1 mol には，何個のメタン分子 CH_4 が含まれるか．また，メタン 1 mol の質量はいくらか．

3・7 つぎの pH の水溶液中の水素イオンのモル濃度はそれぞれいくらか．a) pH 6，b) pH 8

4 生活の中の物質

　私たちはさまざまな物質とかかわりながら，毎日の生活をおくっている．ここでは，生活の中で出会う物質をおおまかに分類して，化学の目を通じて見てみよう．

4・1　身のまわりの物質の種類

　物質は，しばしばつぎのように大きく2つに分けられる．炭素原子を含むものを**有機物質**または**有機分子**とよび，それ以外のものを**無機物質**とよぶ*（図4・1）．ただし，炭素だけからなる物質や，二酸化炭素 CO_2 などの単純な分子は，一般に無機物質として扱われる．

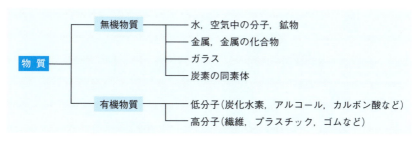

図4・1　身のまわりの物質の分類

---

*　この分類は歴史的な経緯による．化学が学問としてはじまったころ，化学者たちは"生物（有機体）"にかかわりのある物質を「有機物質」とよび，そうでない物質を「無機物質」とよんだ．これらはまったく異なる物質であり，有機物質には特別な"生命力"が宿っていると考えられていた．その後，この説は否定され，有機物質も無機物質も同じ化学の原理に従う物質であることが明らかとなった．

有機分子を単位として，これらが多数つながった大きな分子を特に**高分子**という．繊維，プラスチック，ゴムなど，高分子は身近なところで利用されている．一方，メタンなどのように高分子でない有機分子を**低分子**とよぶことがある．

無機物質には，水や空気中の分子などのほかに，鉱物，金属とその化合物，ガラスなどがあり，また，ダイヤモンドなど炭素だけからなる物質もある．

これらの分類にそって，身のまわりの物質を見ていこう．

4・2 金属とその化合物

金属は，❶ 硬くて丈夫，❷ 電気や熱をよく通す，❸ 金属光沢を示す，❹ 針金のように長く伸びる，箔のように薄く広がるという，大きな特徴をもつ（図4・2）．

これらの性質は金属結合に由来する．❷ は自由電子の運動によりもたらされ（5・1節），❸ は自由電子が反射した光の色である（6・2節）．❹ は力を加えることで原子どうしがずれても，自由電子との電気的な引力によって結合が保たれるからである．

図4・2 金属のおもな特徴

4・2・1 金，銀，銅

金 Au，銀 Ag，銅 Cu は 11 族元素であり，オリンピックメダルの色としても知られている．これらの金属はとても安定であり，イオンになりにくい．酸素と反応

しにくい（さびにくい）などの性質をもつ．金が1位，銀が2位，銅が3位というように，実際にこの順で安定である．価格も圧倒的に金が銀より高く，そして銀は銅より高い．

多くの金属は酸化物として鉱物に含まれるが，金は，自然界に単体として存在し，貴重な金属として古くから装飾品などに利用されてきた．

銀は，空気中でさびることはないが，水酸化物イオンを含む水溶液中では白い酸化銀が生成する．銀のスプーンが黒くなるのはさびではなく，空気中にある硫化水素 H_2S と反応して，硫化銀 Ag_2S が生成したためである．

銅は，湿った空気中では徐々に酸素と反応し，緑青（ろくしょう）とよばれる青緑色のさびを生じる．アメリカ合衆国の象徴でもある自由の女神像の色は緑青によるものである．

電気の通りやすさや熱の伝わりやすさも，金，銀，銅は他の金属に比べて大きい．ただし，これらの性質は銀 > 銅 > 金の順となっていて，金が何でも一番というわけではない．

4・2・2 鉄とアルミニウム

鉄 Fe は8族元素であり，高い強度をもつため，おもに器具，建物，機械などの構造を保つための材料として用いられる．

鉄の原料は鉄鉱石という鉱物で，主成分は Fe_2O_3 や Fe_3O_4 などの酸化鉄である．これをコークス（石炭を蒸し焼きにしたもの）と混ぜて，酸素を吹き込み，2000℃の高温にすると，酸素と反応して一酸化炭素 CO を生じる．

$$2C + O_2 \longrightarrow 2CO$$

生じた一酸化炭素は鉄鉱石と反応し，酸化鉄から酸素がとれて鉄になる．

$$Fe_2O_3 + 3CO \longrightarrow 2Fe + 3CO_2$$

この段階の鉄（銑鉄（せんてつ）という）は，炭素を多く含んでおり，ハンマーでたたくと粉々になるもろい鉄である．そこで，よりしなやかにするために，今度は溶かした銑鉄に酸素を吹き込んで，炭素をとり除く．

$$C + O_2 \longrightarrow CO_2$$

このようにして，炭素を2％以下に減らした鉄を**鋼**（こう，はがね，スチール）または**鉄鋼**という．

鉄は空気中の酸素と反応しやすく，いわゆるさびを生じる．赤さび（おもに $FeO(OH)$）や黒さび（おもに Fe_3O_4）がある．

38   4. 生活の中の物質

アルミニウム Al は 13 族の元素であり，酸化アルミニウム Al_2O_3 は無色の固体で，硬さを活かして研磨剤などに用いられる．

酸化アルミニウムに微量のクロムイオン Cr^{3+} が含まれると，赤色に見える．これが宝石の"ルビー"である．また，微量の鉄とチタン Ti が含まれると，青色の宝石"サファイア"になる．

4・2・3 合金とめっき

単体の金属とは違った性質をもたせるために，2 種類以上の金属を含む**合金**が用いられる．たとえば，鉄にクロム Cr やニッケル Ni を加えた金属を"ステンレス"といい，鉄のさびやすいという欠点が克服され，流し台，調理器，さらには鉄道車両などにも使われる．

図 4・3 に示す日本の硬貨のほとんども合金でできている．1 円玉はアルミニウムの単体であるが，その他の硬貨は合金である（表 4・1）．"黄銅（しんちゅう）"は，銅 Cu に亜鉛 Zn が加えられており，トランペットなどの楽器にも使われる．銅にスズ Sn を加えた"青銅（ブロンズ）"は古くから装飾品や銅像などに利用されてきた．

鋼の表面を亜鉛 Zn でおおった材料を"トタン"といい，簡易的な屋根や壁として使われる．鋼をスズ Sn でおおった材料は"ブリキ"とよばれ，以前はおもちゃなどに使われた．トタンやブリキは，**めっき**という方法によってつくられる（5 章のコラム）．

図 4・3　日本の硬貨

表 4・1　日本の硬貨の材質

硬　貨	材質名	主金属	添加金属
1 円	アルミニウム		
5 円	黄銅（しんちゅう）	Cu	Zn
10 円	青銅（ブロンズ）	Cu	Sn
50 円	白　銅	Cu	Ni
100 円	白　銅	Cu	Ni
500 円	ニッケル黄銅	Cu	Zn, Ni

4・2・4　1族と2族金属の化合物

ナトリウム Na や**カリウム** K は1族元素であり，ナトリウムイオン Na^+，カリウムイオン K^+ として，鉱物に多く含まれる．また，海水は水に塩分が少量溶け込んだものであるが，その塩分の8割ほどが塩化ナトリウムである（9・1節）．

炭酸水素ナトリウム $NaHCO_3$ は胃薬に含まれる．胃液は強酸の塩酸 HCl であり，炭酸水素ナトリウムは塩基として（3・4節），過剰な水素イオン H^+ を受取り，胃液を中和する．

$$Na^+ + HCO_3^- + H^+ + Cl^- \longrightarrow H_2CO_3 + Na^+ + Cl^-$$
$$（正味の反応は HCO_3^- + H^+ \longrightarrow H_2CO_3）$$

また，炭酸水素ナトリウムは加熱すると分解して，二酸化炭素を発生する．このため，ふくらし粉として使われ，二酸化炭素の気泡がケーキなどの生地をふくらませる．

$$2\,NaHCO_3 \longrightarrow Na_2CO_3 + H_2O + CO_2$$

カルシウム Ca は2族元素で，石灰石の主成分である炭酸カルシウム $CaCO_3$ として地表に大量に存在する．炭酸カルシウムは純粋な水には溶けにくいが，二酸化炭素を含む水には，炭酸水素イオン HCO_3^- を形成して，溶けやすい性質がある．

$$CaCO_3 + H_2O + CO_2 \rightleftharpoons Ca^{2+} + 2\,HCO_3^-$$

石灰石の多い地域では，石灰石が二酸化炭素を含む雨水や地下水に溶けるが（左辺→右辺），生じた炭酸水素イオンの溶液からは，二酸化炭素が放出され再び石灰石が析出する(右辺→左辺)．長い年月をかけて，この反応が繰返されて鍾乳洞やその中の石柱や石筍(せきじゅん)のような変わった形の石灰石が生じる（図4・4）．

図4・4　鍾乳洞に見られる石筍　1 cm 伸びるのに，100年以上かかる

炭酸カルシウムは卵の殻や貝殻の主成分でもあり，歯みがき粉やチョークなどにも用いられる．

4・3 鉱物とガラス

地表は岩石やそれが砕けてできた石や砂でおおわれている．岩石はいろいろな鉱物が集まってできたものであり，**鉱物**は原子がほぼ一定の割合で含まれ，それらが規則的に並んだ結晶構造（2・5・1項）をもつ無機物質である．

多くの鉱物は，**ケイ酸塩**（えん）という単位からなる．ケイ酸塩は，ケイ素原子 Si を中心として，四面体の各頂点に酸素原子を配置したケイ酸イオン SiO_4^{4-} と陽イオンが組合わさった構造をしている．**塩**とは，陽イオンと陰イオンがイオン結合してできた物質のことをいう．

この四面体どうしが頂点や辺を共有すると，さまざま構造ができあがる．たとえば，頂点を共有すると，

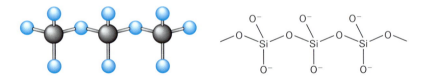

これらの構造に Mg^{2+} や Na^+ などの陽イオンが加わり，ケイ酸イオンの負電荷をちょうど打ち消している．また，ケイ素原子の一部がアルミニウム原子に置き換わったアルミノケイ酸塩も知られている．

ケイ酸塩をいったん高温で溶かして，冷やして固めたものが**ガラス**である．窓ガラス，びん，食器などに使われる普通のガラスは，酸化ナトリウム Na_2O や酸化カルシウム CaO を含む．図4・5に示すように，負電荷をもつケイ素と酸素のネットワークのあいだに正電荷をもつ Na^+ や Ca^{2+} が入り込んだ構造をしている．原子の配置は，結晶とは異なり不規則である．このような物質を**非晶質**あるいは**アモルファス**とよぶ．

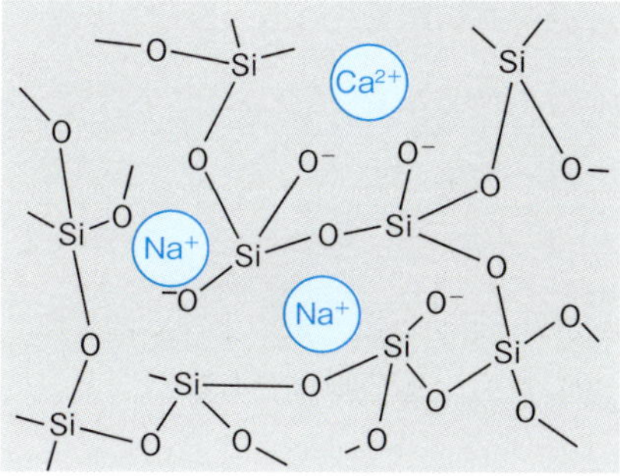

図 4・5 ガラスの構造

また，ホウ酸 B_2O_3 や酸化アルミニウム Al_2O_3 などを含むガラスは，実験器具などに使われている（図 4・6）．

図 4・6 実験ガラス器具

ケイ酸塩とは異なり，電荷をもたない SiO_2 からできている物質もある．二酸化ケイ素（シリカ） SiO_2 が結晶となってできた物質に**石英**があり，純度の高い石英は無色透明な**水晶**として産出される．また，砂漠などの砂の主成分は石英である．光ファイバー（6・6 節）も石英からなるガラスでできている．

4・4 炭素原子だけからなる物質

キラキラと輝くダイヤモンドと黒い鉛筆の芯はいずれも炭素原子からなる．これらの物質では，原子のつながり方だけが異なる．

2・5・4 項でふれたように，炭素原子には 4 本の"手"がある．図 4・7 の (a) のように 4 つの原子と結合する場合は，4 本の"手"が正四面体状に，(b) のよう

に3つの原子と結合する場合は，正三角形状に配置される．後者の場合，二重結合が1つ含まれる．

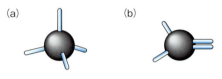

図4・7 炭素の手

ダイヤモンドは，上記（a）の正四面体の単位がいくつも結合した構造をしている（図4・8）．図中の角（かど）はすべて炭素原子である．4本の青色の線の交点にある炭素原子に注目すると，どの炭素原子も正四面体の中央にあることがわかる．

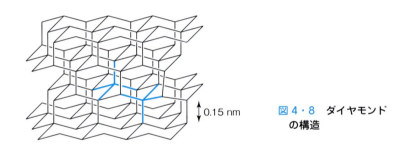

図4・8 ダイヤモンドの構造

このように共有結合の密なネットワークでできているダイヤモンドは，天然に存在する物質のうちでもっとも硬い．

図4・7(b)の正三角形単位の3つの結合のうち1つは二重結合になっており，青色の炭素原子の最外殻は8個の電子で満たされていることがわかる（図4・9）．

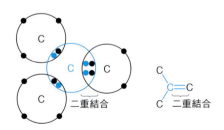

図4・9 炭素原子の二重結合

4・4 炭素原子だけからなる物質

この正三角形の単位が結合していくと，図 4・10 のようにすべての炭素原子が平面上に並んだ配置になる．ここでも，すべての角が炭素原子である．この原子 1 層からなる 1 枚のシートを**グラフェン**とよぶ．

この 1 枚のシートがいくつも重なってできた物質が**グラファイト（黒鉛）**である（図 4・11）．グラファイトは古くから知られており，粘土と混ぜられて鉛筆の芯となる．シートとシートのあいだは分子間力で結合しているだけであり，シートを構成する共有結合よりも弱いため，力を加えるとはがれやすい．鉛筆で紙の表面をこすれば，紙の繊維によってシートがはがされて紙に付着し，文字が書ける．

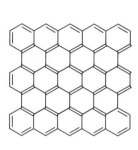

図 4・10　グラフェン

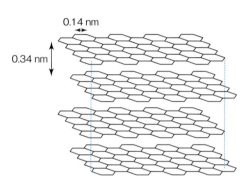

図 4・11　**グラファイト**　ここでは二重結合を省いてある

グラフェンのシートをぐるりと巻くと，チューブ状になる．このような物質を**カーボンナノチューブ**という（図 4・12）．

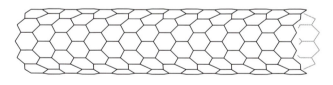

図 4・12　カーボンナノチューブ

さらに，炭素原子が球状に並んだ物質もあり，**フラーレン**とよばれる．代表的なものとして，炭素原子 60 個からなる C_{60} がある（図 4・13）．炭素原子の並び方は，正五角形と正六角形で構成されたサッカーボールと同様である．フラーレンには

C_{60} 以外にも，C_{70}，C_{76}，C_{78} などが知られている．これらは球形でなく，ラクビーボールのような楕円形をしている．

図 4・13　フラーレン C_{60}

ダイヤモンドとグラファイトは古くから知られていたが，フラーレン，カーボンナノチューブ，グラフェンが登場したのは最近のことである*．これらの炭素からなる新しい物質は未来を担う材料として，さまざまな分野で期待されている．

以上のように，同じ元素からなる単体でも，原子のつながり方が異なるだけで，まったく違った物質になる．このような関係にある一連の物質を**同素体**という．ダイヤモンド，グラファイト，グラフェン，カーボンナノチューブ，フラーレンは炭素の同素体である．

4・5　有機分子

有機物質は，炭素原子を骨組みとして，その他の原子が共有結合でつながった分子である．ここでは，基本的な有機分子について見ていこう．

4・5・1　天然ガスと石油に含まれる有機分子：炭化水素

毎日の生活を支えるエネルギーは，石油，天然ガス，石炭という化石資源などによりもたらされる（9・4・1項）．これらは大昔の動植物の遺がいが堆積して，長年にわたる熱や圧力の作用によってつくられた．

特に，天然ガスや石油は，炭素と水素だけからなる**炭化水素**とよばれる分子が主成分であり，比較的単純な構造をしている．

家庭用の都市ガスとしても用いられる天然ガスの主成分は**メタン**という有機分子である．

---

*　グラフェンは，今世紀はじめに，グラファイトから粘着テープを用いて繰返しひきはがすことで取出された．

4・5 有機分子

メタン分子は，炭素原子を中心とする正四面体の4つの頂点に4つの水素原子が結合した構造をもつ．

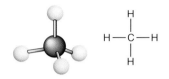

さらに天然ガスや石油には，炭素原子どうしが鎖状に結合してできた炭化水素も含まれる．

エタン C_2H_6 はメタンのつぎに簡単な炭化水素であり，図4・7(a) に示した2つの炭素原子が単結合によってつながってできている．

図4・14には炭素数が1から10までの炭化水素を示した．どの炭素原子も4つの原子と結合し，4つの原子は四面体状に配置されている．

25℃程度の室温では，炭素数が1から4までは気体，炭素数が5以上では液体となる．分子が大きいほど互いに引きつけあう力は強いので，液体の状態をとる（3・1節）．石油の中で，30℃から200℃のあいだで沸騰する炭素数が5から10程度の炭化水素がガソリンの主成分である．

エテン（エチレン） C_2H_4 は，図4・7(b) に示した炭素原子2つが二重結合によってつながってできた炭化水素であり，すべての原子は同一平面上にある．エテン（エチレン）はエタンの脱水素やナフサを高温で分解してつくられ（9・4・1項），さまざまな石油化学製品の原料として重要な分子である．ポリエチレンなどの高分子（ポリマー）の原料となる（4・6節）．

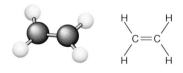

天然ガスや石油は，とてもよく燃えるので，燃料として使われる．石油の例として炭素数 8 のオクタンの燃焼反応は，

$$C_8H_{18} + 12.5\, O_2 \longrightarrow 8\, CO_2 + 9\, H_2O$$

で表せる．

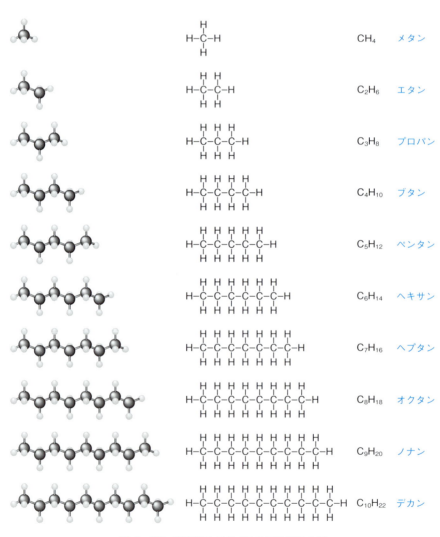

図 4・14　炭素数 1 から 10 までの炭化水素

4・5・2 有機分子の性質と官能基

天然ガス，石油を題材にして，炭素と水素からできた有機分子を見てきたが，有機分子には，炭素と水素以外に窒素や酸素が含まれることも多い．これらの原子は組合わさって，**官能基**とよばれるグループを形成する（表4・2）．有機分子は含まれる官能基によってそれぞれ特徴的な性質を示すので，分子構造を見たとき，官能基に注目するとよい．

表4・2 官能基の例

構造	略記法	名称	分子名	構造	略記法	名称	分子名
—Cl		クロロ基	塩化物	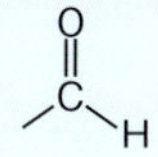 (C=O,H)	—CHO	ホルミル基	アルデヒド
—O—H	—OH	ヒドロキシ基	アルコール	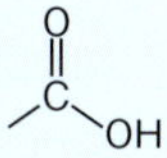 (C=O,OH)	—COOH / —CO$_2$H	カルボキシ基	カルボン酸
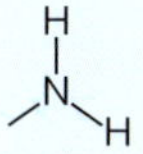 (NH$_2$)	—NH$_2$	アミノ基	アミン	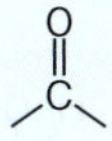 (C=O)		カルボニル基	ケトン
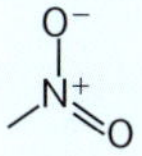 (NO$_2$)	—NO$_2$	ニトロ基	ニトロ化合物	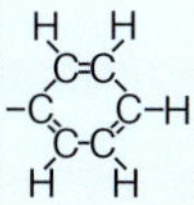 (benzene ring)	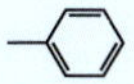 (phenyl)	フェニル基	芳香族化合物

ヒドロキシ基とアルコール　たとえば，酸素と水素は，**ヒドロキシ基**とよばれる—OHというグループをつくる．ヒドロキシ基を含む分子を**アルコール**という．図4・15に示した分子名の語尾「(オ)ール」はアルコールであることを表している．

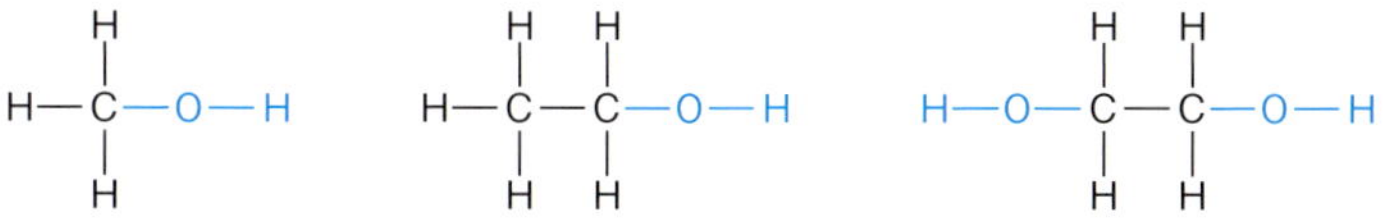

メタノール　　　エタノール　　　1,2-エタンジオール

図4・15 アルコール

飲料としてアルコールといえば，エタノールのことをさす．メタノール，エタノール，1,2-エタンジオールは，室温ではすべて無色透明の液体であり，沸点はそれぞれ，65℃，78℃，197℃である．大きさが同じくらいの炭化水素であるエタン，プロパン，

ブタンはいずれも室温では気体で，それぞれ沸点は $-89\,^\circ\mathrm{C}$，$-42\,^\circ\mathrm{C}$，$0\,^\circ\mathrm{C}$ である．

このようにこれらアルコールの沸点が高いということは，個々の分子がばらばらになりにくいことを示している．それは，なぜだろうか．

3・2節の水分子における水素結合で見たのと同様に，ヒドロキシ基では，酸素原子が負の電荷を，水素原子が正の電荷を帯び，電荷の偏りが生じる．このため，ヒドロキシ基を介する水素結合によって，アルコール分子どうしは，通常の分子間力よりも強い力で引きつけあう（図4・16）．

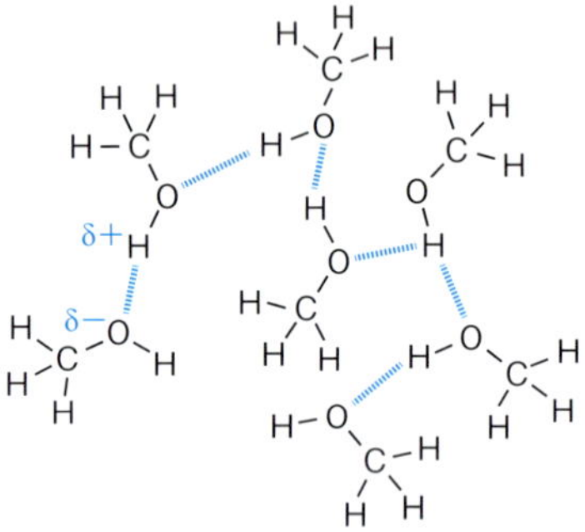

図4・16　メタノールの水素結合　　は水素結合を示す．
$\delta+$ は水素原子が正電荷を，$\delta-$ は酸素原子が負電荷を帯びていることを示す

水分子も同様に水素結合を形成するため，アルコールと水の混合物では，アルコール分子と水分子は互いに水素結合して混ざりあう．

カルボキシ基とカルボン酸　　炭素と酸素と水素からできる官能基

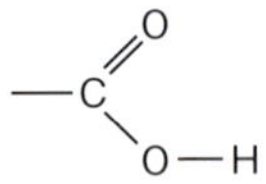

をカルボキシ基といい，$-\mathrm{COOH}$ や $-\mathrm{CO_2H}$ のように表される．カルボキシ基を含む分子を**カルボン酸**という．カルボキシ基も水素が正電荷，酸素が負電荷をもち，水素結合を形成しやすい．

図4・17には，身のまわりに見られるカルボン酸の例を示した．酢の成分である酢酸については，すでに3・4節で示した．クエン酸はカルボキシ基を3つ含み，真ん中にヒドロキシ基をもつ．クエン酸はレモンなどのかんきつ類に含まれ，すっぱさの素となる物質である．

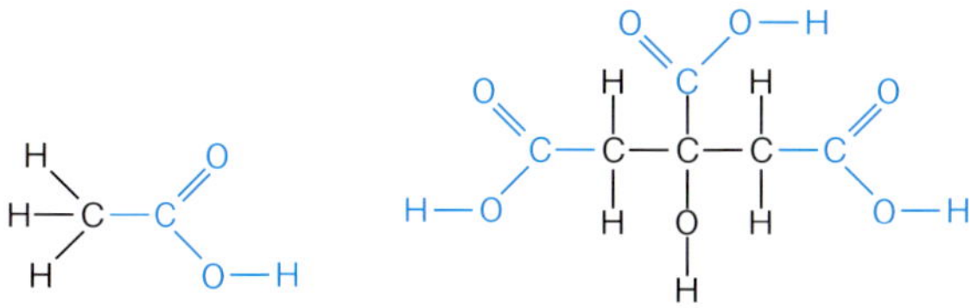

4・5 有機分子

[酢酸の構造式]　[クエン酸の構造式]

　　酢　酸　　　　　　　　　クエン酸

図4・17　カルボン酸

　カルボン酸の特徴は，水に溶けたときに水素イオンを放出しやすいことである（図4・18）．ただし，純水中ではほんの一部の分子しか水素イオンを放出しない弱酸である．人間の舌は，酢酸やクエン酸などの酸性物質を"すっぱい"と感じる．

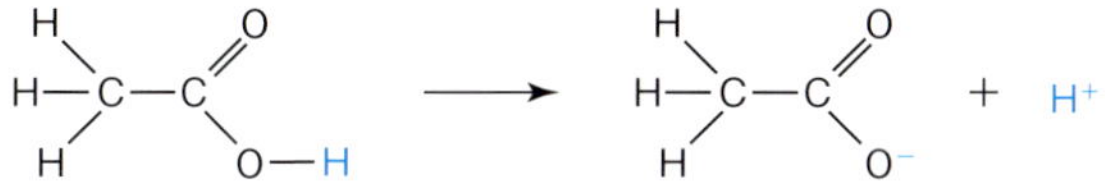

[酢酸 → 酢酸イオン + H^+ の反応式]

図4・18　カルボン酸は酸である

4・5・3　有機分子の表し方

　これまで分子を構成する各原子の結合の順序を示すために，原子間の共有結合を線で表した化学式を用いてきた．このような化学式を**構造式**という．

　複雑な有機分子には多くの炭素原子と水素原子が含まれるので，分子構造をすべて描くと煩雑になる．そこで，しばしば分子構造は簡略化して表される．ここでは，簡略化するときの"ルール"を知って，有機分子の構造式が描けるように，また，簡略化された構造式から分子の構造が思い浮かべられるとよい．

　以下の有機分子を例にして見てみよう．

(a) [プロパンの構造式]　(b) [プロペンの構造式]　(c) [グリシンの構造式]

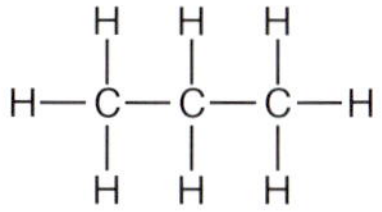

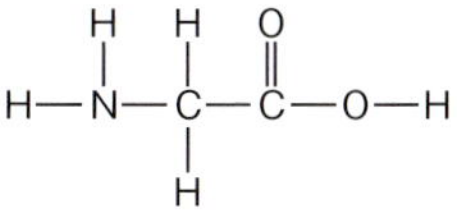

【簡略化ルール1】　水素は結合している原子といっしょにひとまとめにして書く．

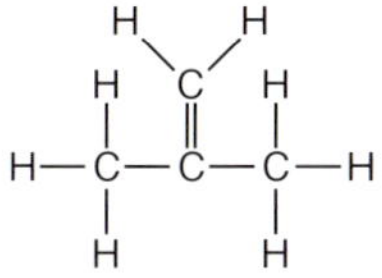

(a) $H_3C-CH_2-CH_3$　　(b) $H_3C-\underset{\parallel}{C}-CH_3$ （CH_2）　　(c) $H_2N-CH_2-\underset{\parallel O}{C}-OH$

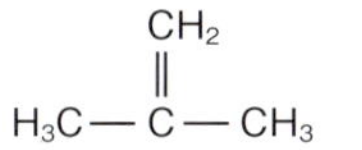

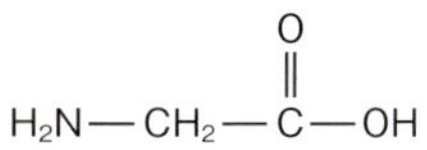

【簡略化ルール2】　C，CH，CH_2，CH_3という記号は省略することができる．

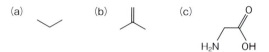

(a) の場合は，真ん中の炭素を表すために途中に角（かど）ができるように線を折り曲げている（直線にしてしまうと H_3C-CH_3 と区別できなくなる）．逆にいうと，角があればそこには炭素があるとみなす．炭素以外の原子に結合している水素は省略してはいけない．

上記のもっとも簡略化された構造式を見たときに，以下のような分子の構造が浮かぶとよい．

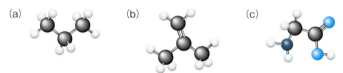

4・6 高　分　子

繊維，プラスチック，ゴムなどは，ある特定の有機分子が単位となって繰返し結合してできた物質であり，このような大きな分子を**高分子**という．ここでは，身のまわりのさまざまな高分子について見てみよう．

4・6・1 高分子ってどのようなもの

もっとも簡単な高分子として，ポリ袋の材料としても使われる**ポリエチレン**を例に見てみよう．ポリエチレンは，エテン（エチレン）分子が多数つながってできている（図4・19）．通常，炭素の数が千から数万のポリエチレンが利用される．

このように，高分子は**モノマー**とよばれる小さな分子を繰返し結合させてつくら

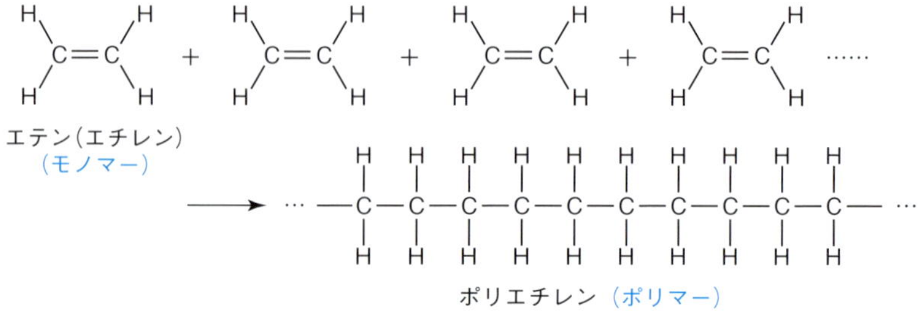

図4・19　エテン（エチレン）が多数つながってポリエチレンができる

れる．モノマーの"モノ"は「1つ」という意味である．ポリエチレンの場合，エテン（エチレン）$H_2C=CH_2$がモノマーに相当する．

ポリエチレンの"ポリ"は，「多くの」を意味する．つまり，ポリエチレンは，多くのエチレン（モノマー）が繰返し結合してできた分子である．このため，高分子は**ポリマー**ともよばれる．

身のまわりには高分子からできた材料がいろいろとあるが，熱によってさまざまな形に変えられる"プラスチック"，伸び縮みする"ゴム"，細長くしなやかな"繊維"に大きく分けられる．

4・6・2 プラスチック

プラスチックは熱によって望みの形に加工できる高分子であり，各種容器，包装フィルム，家電製品から機械部品まで幅広く利用されている．よく利用されるプラスチックとして，ポリエチレン，ポリプロピレン，ポリ塩化ビニル，ポリスチレンがあげられる．

これらのプラスチックの構造式を図4・20に示した．[ ]の中に示した単位（モノマーに相当）がn個繰返し結合してできていることを表している（nは通常，1000以上）．いずれの高分子もポリエチレンの水素原子が，他の原子や原子団に置き換わった構造（青色で示した）をしている．置き換わった部分（$-CH_3$，$-Cl$，$-C_6H_5$）のことを**置換基**という．

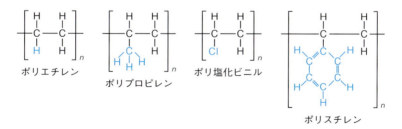

図4・20　日常よく利用されるプラスチック

"ポリエチレン"はもっともなじみのあるプラスチックで，加工もしやすく，大量に生産されている．ポリ袋，各種容器やびん，包装フィルムなど，日常生活のさまざまな場面で使用されている．

"ポリプロピレン"はポリエチレンよりも硬く，熱にも耐えられるので，保存容

器，家電製品，自動車部材などに使われる．

"ポリ塩化ビニル"は硬さを調整できるので，水道管などのパイプやホース，チューブ，シートなどに使われる．

"ポリスチレン"に気泡を含ませたものが発泡スチロールであり，食品のトレーやカップめんの容器，梱包材などに用いられる（図4・21）．

図4・21　ポリスチレン（発泡スチロール）

エテンからポリエチレンができる反応をもう少し詳しく見てみよう．エテンの2つの炭素のあいだは二重結合である．二重結合があるということは，4個の電子を共有しており，そのうち2個を単結合として保ったまま，残り2個を別の分子との共有結合に利用できる．実際に，エテン分子どうしで電子を出しあって，炭素間に新たな結合ができ，エテン分子どうしが多数つながってポリエチレンができあがる（図4・22）．

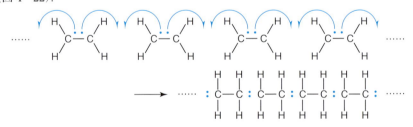

図4・22　ポリエチレンの生成

4・6・3　ゴ　ム

ゴムは引っ張ると伸びて，力を除くと縮むという性質をもっている（図4・23）．ゴムも高分子からできているが，なぜ伸び縮みするのだろうか．

4・6 高 分 子

図 4・23　天然ゴム製の輪ゴム

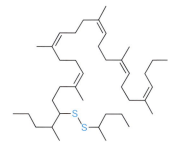

図 4・24　天然ゴムの分子構造

　ゴムには，ゴムの木からとれる天然ゴムと，人工的につくられた合成ゴムがある．天然ゴムの分子構造の一部を図 4・24 に示す．採取したゴムに弾力性を与えるために，硫黄 S を加えてある（この操作を加硫という）．

　二重結合をもつため，ゴムの分子は折れ曲がり，縮んで丸くなった状態が普通である．ゴムを引っ張ると，それにともなってゴムの分子も伸びるが無理矢理に伸ばされた状態であるので，手を放すとまた縮む（図 4・25）．加えられた硫黄 S によって，S－S 結合で高分子の鎖と鎖のあいだに橋を架けられているため，さらに弾力性が増し，丈夫になっている．

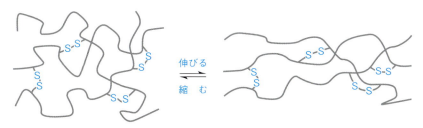

図 4・25　**ゴムの伸縮にともなって分子も伸び縮みする**　硫黄による架橋がゴムに弾力をもたらす

4・6・4　繊維：ポリエステルとポリアミド

　衣類は糸を縫ってつくられるが，その糸のもとになる細くて長い素材を**繊維**という．繊維にも高分子が多く使われており，代表的なものが**ポリエステル**である．つぎの構造

の両側が炭素と結合している場合に，この原子の一団を"エステル結合"という．ポリエステルは，モノマーがエステル結合でつぎつぎとつながったポリマーである．

代表的なポリエステルに"ポリエチレンテレフタラート"（通称 PET）がある．ポリエチレンテレフタラートは，テレフタル酸とエチレングリコール（1,2-エタンジオール）から，水分子 H–O–H がとれてエステル結合を形成することでつくられる（図4・26）．

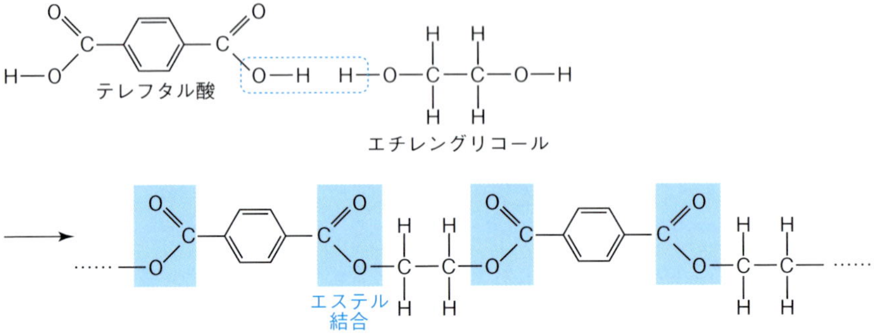

図4・26　ポリエチレンテレフタラート（PET）の生成

ポリエチレンテレフタラートは繊維だけではなく，フィルムとしても利用される．すぐに思いつく例としては，ペットボトルがあげられる（図4・27）．このように，高分子はさまざまな形で利用されている．

図4・27　ペット（PET）ボトル　キャップはポリプロピレンやポリエチレン，ラベルはポリプロピレンやポリスチレンなどのフイルムでできている

4・6 高　分　子

アミノ基（−NH$_2$）をもつモノマーとカルボキシ基（−COOH）をもつモノマーを反応させると，水分子 H−O−H がとれて"アミド結合"

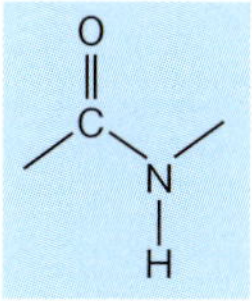

を形成する．アミド結合をもつ高分子を**ポリアミド**とよぶ．図4・28には"ナイロン"とよばれるポリアミドを示した．

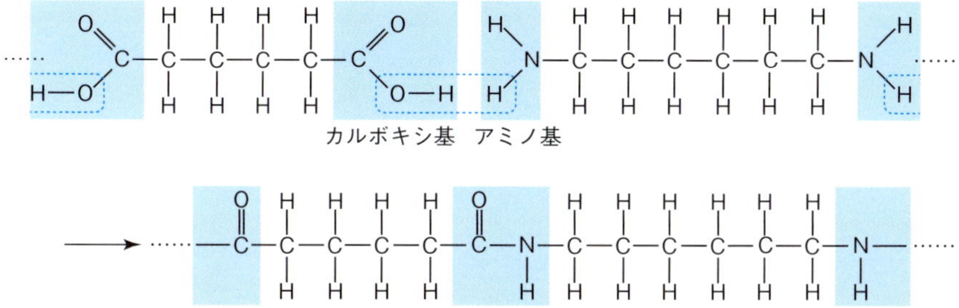

図4・28　ポリアミドの生成

ポリアミドは分子間で多くの水素結合を形成するため（図4・29），とても丈夫であり，衣料用繊維のほか，釣り糸，漁網，最近では自動車部品などにも用いられ

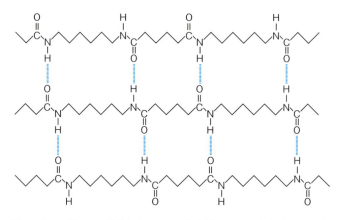

図4・29　ポリアミド（ナイロン）の水素結合　┈┈は水素結合を示す

ている．

　図4・30に示すように，ポリアクリロニトリルなどの繊維を何度も高温で処理すると，炭素以外の原子が除かれ，ほとんど炭素からなる繊維ができる．その構造はグラファイトに似た繊維状のものである．このような素材を**炭素繊維（カーボンファイバー）** とよぶ．

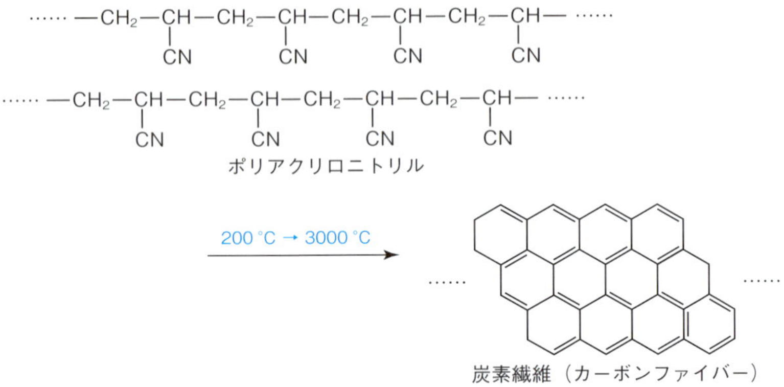

ポリアクリロニトリル

$200\,°C \rightarrow 3000\,°C$

炭素繊維（カーボンファイバー）

図4・30　炭素繊維（カーボンファイバー）の生成

　炭素繊維は軽くて非常に丈夫である．その質量は同じ体積なら鉄の4分の1であり，同じ質量なら鉄よりも強い．炭素繊維は他のプラスチックと複合させて"炭素繊維強化プラスチック"として，テニスラケット，ゴルフクラブなどのスポーツ

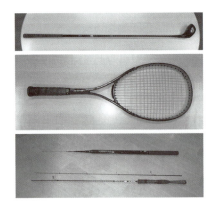

図4・31　炭素繊維　軽くて丈夫な炭素繊維はスポーツ用品や釣り竿などに使われる

用品から，航空機の胴体や翼など，軽さと強さが必要とされる場で用いられている（図4・31）．

4・6・5　なぜ高分子が材料として適するのか

これまで見てきたように，多くの材料に高分子が利用されている．それは，なぜだろうか．

材料として利用できるには，まず形を保つことが要求される．つまり，ある程度の強さをもつ固体でなければならない．そのためには，分子どうしが分子間力によってしっかりと結びつく必要がある．分子間力は，他の分子とふれあう面積が大きくなるほど強くなる．したがって，分子（分子量）が大きくなるほど，分子間力は強くなる．図4・14 に示したメタンやヘキサンのような小さい分子では分子間力が弱く，通常は気体や液体となる．もう少し大きい分子では固体になるが，もろくて壊れやすい．それに対して，高分子の分子量は数千から数万にも及び，ひも状の細長い分子にそって分子間力が集積されるので（図4・32），材料として形を保つだけの強さが備わる．

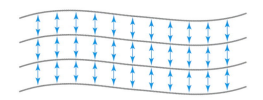

図4・32　細長い高分子どうしにはたらく分子間力　⇔：分子間力

問　題

4・1　以下の物質は有機物質であるか無機物質であるか．a）水，b）塩化ナトリウム，c）酢酸，d）アルミホイル，e）食品用ラップ

4・2　1円玉1個の質量は1gであるが，これは何個のアルミニウム Al 原子からできているか．アルミニウム 1 mol の質量は 27 g である．

4・3　炭酸カルシウム $CaCO_3$ で白く濁った水に息を吹き込むと濁りが消えた．これはなぜか．

4・4　プロパンガスの燃焼を化学反応式で表せ．

4・5 以下の構造を，元素記号を省略しないで描け．
a)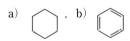

4・6 以下の高分子の原料となるモノマーの構造を書け．
a) ポリプロピレン，b) ポリ塩化ビニル，
c)

5

生活を支える化学：電気

　電気がなければ，パソコンやスマホだって使えないし，テレビも見れないし，ご飯も食べられない．このように，毎日の生活は電気によって支えられている．ところで，電気ってなんだろう．ここでは，その正体を明らかにし，電気をつくりだす電池や高度な電子化社会をになう半導体のしくみについて学ぼう．

5・1　電気の正体
5・1・1　なぜ，電気は流れるのか

　電気が流れるとき，物質内部で"電荷（電子やイオン）"の移動が起こる．この電荷の流れのことを**電流**という．

　金属は電気をよく通す物質である．金属では電気の流れは自由電子の移動によってもたらされる（2・5・2項）．では，自由電子はどのようにすると移動して，電気が流れるのだろうか．

　図5・1(a)に示したように，球（たま）を坂の上におくと，重力によって，高い位置から低い位置に転がっていく．金属では，"電位差"という高低差を利用して，電子を移動させる．球のある位置に相当する高さのことを**電位**とよび，金属線上の2点間に電位の差が生じれば，自由電子が移動し，電気が流れる（図5・1b）．この電位の差を**電圧**という．電圧が大きいと，流れる電流も大きい．

　球が高いところから低いところへ転がるように，電流は電位の高いほうから低いほうへ流れる．ところが電流の向きは正電荷の移動する向きにとることが決まっているので，負電荷をもつ電子の移動する方向とは逆になる．つまり，電子は電位の

低いほうから高いほうへ移動する．

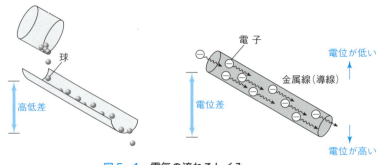

図 5・1　電気の流れるしくみ

5・1・2　電気を流す物質と流さない物質

　電気を流す物質と流さない物質がある．この電気の流れやすさのことを**電気伝導性**という．電気をよく流す物質を**電気伝導体**あるいは**導体**といい，流さない物質を**絶縁体**という．また，その中間的な性質をもつ物質を**半導体**という（5・3節）．

　代表的な電気伝導体として，金属がある*．それに対して，イオン結合や共有結合でできた物質の多くは絶縁体である．これまで見てきた例としては，食塩，ガラス，ゴム，プラスチックなどがあげられる．絶縁体では，電子が各原子のまわりに強く束縛されていて，電圧をかけても移動できないため，電気が流れない．

　また，不純物を含まない純水は電気を流さないが，これに食塩を溶かすと電気が流れる．これは，電圧をかけたとき，食塩水中の Na^+ イオンや Cl^- イオンが移動するためである．

5・2　電池の化学

　前節では，電気の流れるしくみについてふれた．電気を流すためには，電圧（電位差）を生みだす装置が必要となる．もっとも身近なものが**電池**である．ここでは，よく利用されている電池を例として，そのしくみについて学ぼう．

---

　*　金属以外には，4・4節でふれたグラファイト（黒鉛）などがある．グラファイトでは二重結合と単結合が交互に並んで全体に広がっており，このような物質では電子の移動が可能となる．同じ炭素の同素体であり，同様な構造をもつグラフェンやカーボンナノチューブも電気伝導体である．一方，単結合のみからなるダイヤモンドは絶縁体である．

5・2 電池の化学

静 電 気

冬の乾燥した日にドアノブに触れると，バチッと痛みを感じることがある．プラスチックなどで髪の毛をこすると，髪の毛が引き寄せられて立ち上がる．これらは**静電気**のせいである．

いったい，静電気とはなんだろう．物質によって電子のもつエネルギーが少しだけ異なるので，2種類の物質をこすりあわせると，一方の電子が他方の物質に移ることがある．髪の毛とプラスチックの場合，髪の毛の電子がプラスチックへと
移り，髪の毛が正の電荷，プラスチックが負の電荷を帯びて，互いに引きあう．静電気が存在する状態でドアノブに触れると，たまった電子が一気に流れてバチッとなる．ただし，移動する電子は，物質中にあるうちのほんのわずかである．

私たちにとって静電気は迷惑ともいえる現象であるが，意外にもレーザープリンターなどの電化製品で利用されている（6・5節）．

5・2・1 電池の基礎：酸化還元反応

ここでは，化学反応を用いて電気が生じる基本的な原理について見てみよう．

たとえば，図5・2に示すように，金属亜鉛 Zn を銅イオン Cu^{2+} を含む水溶液中に浸すと化学反応がおこり，Zn は亜鉛イオン Zn^{2+} となって溶けだし，このとき電子 e^- を放出する．さらに，水溶液中の Cu^{2+} がこの電子を受取り，金属銅 Cu となって，金属亜鉛上に析出する．

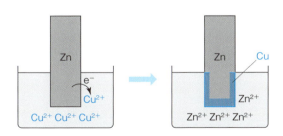

図5・2　酸化還元反応

$$\text{亜鉛での反応:} \quad Zn \longrightarrow Zn^{2+} + 2e^-$$
$$\text{銅での反応:} \quad Cu^{2+} + 2e^- \longrightarrow Cu$$
$$\overline{\text{全体の反応:} \quad Zn + Cu^{2+} \longrightarrow Zn^{2+} + Cu}$$

この反応は，亜鉛のほうが電子を放出しやすく，銅のほうが電子を受取りやすいためにおこる．これは図5・1において，亜鉛は電位が低く，銅は電位が高いことに相当する．

ここで，亜鉛のように電子を与える反応を**酸化反応**，銅イオンのように電子を受取る反応を**還元反応**という．この2つの反応は同時におこるため，これらをあわせて**酸化還元反応**とよぶ（図5・2）．

酸化還元反応には，以下のようにいくつかの定義がある．

　　酸化(される)：電子を与える ＝ 酸素を得る ＝ 水素を失う
　　還元(される)：電子を受取る ＝ 酸素を失う ＝ 水素を得る

このような酸化還元反応は，身近でよく見られるとても大切な反応である*．

酸化還元反応によって亜鉛から銅に電子が移動するが，このままでは電池として利用できない．電子の移動が内部でしか起こらないため，電流をうまく外部に取出す必要がある．

つまり電球を光らせるためには，図5・3のように，酸化反応と還元反応を別々の場所でおこし，2つの金属間を導線で結べばよい．すると，導線を通じて亜鉛から銅イオンに電子が移動し，電気が流れ，電球が光る．ここで電子が出ていく金属

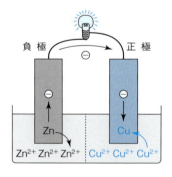

図5・3　電池の基本的なしくみ

---

* 3・3節でふれた物質の燃焼やさびには酸素が関与し，8・1節でふれるヘアスタイル（パーマ）の例では水素が関与している．いずれも，よく見ると電子が関与していて，これらは同じ種類の反応であることがわかる．また，8・3節でふれるが，私たちは生きるためのエネルギーを酸化反応によってつくりだしている．

(電極)を"負極",電子が入る金属(電極)を"正極"という.

以下,日常よく使われている電池をいくつか取上げて,そのしくみについて具体的に見ていこう.

5・2・2 アルカリ乾電池

アルカリ乾電池はアルカリマンガン乾電池ともよばれる.その名前が示すように,電池内での電荷の移動をになう水溶液にはアルカリ[*1]である水酸化カリウム KOH が使われている.

アルカリ乾電池の構造を図 5・4 に示す.正極の材料に二酸化マンガン MnO_2 が,負極の材料に亜鉛 Zn が用いられ[*2],セパレータとよばれる仕切りで区切られている.

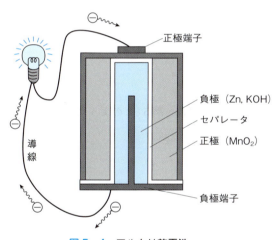

図 5・4 アルカリ乾電池

正極と負極のあいだを導線でつなぐと,つぎの反応が起こる.

$$Zn + 2OH^- \longrightarrow ZnO + H_2O + 2e^- \tag{5・1}$$

酸化亜鉛 ZnO の中では,亜鉛は Zn^{2+} イオンになっており,この反応で亜鉛は電子

[*1] アルカリとは水に溶けて,塩基性を示す物質のことである.
[*2] 正極の材料として二酸化マンガンと炭素粉末を混ぜあわせたもの,負極の材料として亜鉛粉末を水酸化カリウム水溶液で練りあわせたものが用いられる.

を与える(酸化される).このとき電子は負極から出ていき,電球を光らせて,正極へ戻ってくる.正極では,二酸化マンガンが電子を受取り,つぎの反応が起こる.

$$MnO_2 + 2H_2O + 2e^- \longrightarrow Mn(OH)_2 + 2OH^- \qquad (5・2)$$

マンガンは,二酸化マンガン MnO_2 においては4価の陽イオン Mn^{4+} であり,水酸化マンガン $Mn(OH)_2$ においては2価の陽イオン Mn^{2+} であるため,この反応によって電子を受取った(還元された)ことになる.

全体の反応は,反応式(5・1)と(5・2)を加えて,

$$Zn + MnO_2 + H_2O \longrightarrow ZnO + Mn(OH)_2 \qquad (5・3)$$

となる.このアルカリ乾電池では 1.5 V(ボルト)の電圧が生じる.

5・2・3 リチウムイオン二次電池

アルカリ乾電池は,使い終わっても充電はできない.このような電池を**一次電池**という.それに対して,充電によって繰返し使用できる電池もあり,**二次電池**とよばれる.身近にある代表的な二次電池として,ノートパソコンや携帯電話などに使われる**リチウムイオン電池**がある(図5・5).

図5・5 携帯電話に使われるリチウムイオン電池

リチウムイオン電池はフィルム状の正極,セパレータ,負極をうず巻状または積層してケースに収めた構造をしている.図5・6に,そのしくみを簡略化して示した.負極にはグラファイト C(4・4節),セパレータにはリチウムイオン Li^+ を通すが電子を通さない液体,正極には酸化コバルト CoO_2 などの金属酸化物が用いられる.

"使用済み"状態では，Li^+はグラファイト中にあるよりも，金属酸化物 CoO_2 中にあるほうが安定である（図左）．ここで"充電"するためには，外部の電源を利用して，電子を正極から負極に送りこむ（図上）．すると，電気的な中性を保つために，Li^+ がセパレータを通してグラファイト側に移動する．"充電済み"状態では，Li^+ がグラファイト側に存在する（図右）．

しかし，この状態は不安定であるため，Li^+ は CoO_2 側に移動しようとする．そこで導線をつなぐと，電気的な中性を保つために，今度は電子が負極側から正極側に移動する．これが"放電"であり，電気が流れて，電球が光る（図下）．このようなしくみによって，リチウムイオン電池は繰返し使用できる．

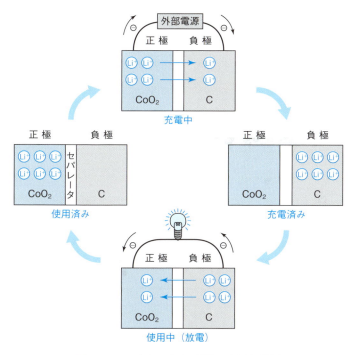

図 5・6 リチウムイオン電池の充電と放電

酸化コバルトは，図 5・7 に示したような層状構造をしており，この層のあいだに Li^+ が取込まれる．また，グラファイトでも同様に，Li^+ は層のあいだに取込まれる．

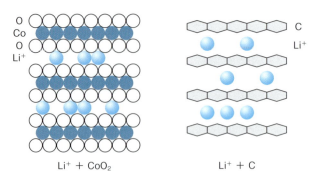

図 5・7　酸化コバルトやグラファイトの層間へのリチウムイオンの取込み

5・2・4　燃 料 電 池

　電極自体が反応に利用される乾電池と違って，燃料を供給して電気を取出す装置が**燃料電池**である．燃料電池は，家庭やオフィスビル，工場などでの発電装置や，自動車の電源などとして期待されている．

　燃料電池では，水素と酸素を反応させて，水素と酸素のもつ化学エネルギーを電気エネルギーに変換する．

$$2H_2 + O_2 \longrightarrow 2H_2O \qquad (5・4)$$

この反応では，水素分子と酸素分子のもつエネルギーより，水分子がもつエネルギーのほうが小さいので，余ったエネルギーを電気として取出せる．

　燃料電池のしくみを図 5・8 に示した．水素を導入する側の電極が負極であり，"燃料極" という．負極では，水素分子が電極上にある白金などの触媒の作用でばらばらになり，水素イオンと電子に分かれる．**触媒**とは，自分自身は変化しないが，反応を速くするはたらきのある物質のことである*．

$$H_2 \longrightarrow 2H^+ + 2e^- \qquad (5・5)$$

この結果，水素イオン H^+ は水中を正極に向かって移動し，電子 e^- は導線を通って外部に出ていく．

　一方，空気を導入する反対側の電極が正極であり，"空気極" という．正極では，空気中の酸素が，水中を移動してきた水素イオンと導線を通ってきた電子と反応して，水が生成する．

　＊　生物の体内では酵素という分子が触媒の役割を果たしている（7・4 節）．

$$O_2 + 4H^+ + 4e^- \longrightarrow H_2O \tag{5・6}$$

式(5・4)に示した全体の反応は,式(5・5)の両辺を2倍して,式(5・6)と足しあわせることで得られる.

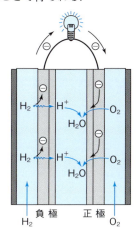

図5・8　燃料電池のしくみ

めっき

　金属などの材料の表面に別の金属の薄い膜を形成させることを"めっき"という.そのなかで代表的な方法である電気めっきでは,図に示すように,金属Aを電極として,別の金属BのイオンB⁺の溶液中で,電極から電子が出ていく方向に電気を流す.このとき,金属イオンB⁺は電極表面で電子を受取って固体の金属Bとなり,電極表面上に薄い膜を形成する.

　めっきでは,金属が電気をよく通し,金属イオンが電子を受取る(還元される)と固体の金属になるという現象がうまく利用されている.トタンやブリキも,めっきによってつくられている(4・2・3項).

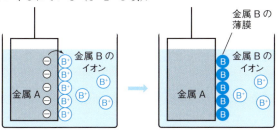

図　めっきのしくみ

5・3 半 導 体

半導体は，電気伝導体と絶縁体の中間的な性質をもつために，電気の流れを制御することができる．このため，電子部品として重要な役割を果たし，ICカード，携帯電話，コンピュータをはじめ，さまざまな電化製品に利用されている（図5・9）．また，太陽電池も半導体でつくられている（9・4・2項）．

図5・9　パソコンの中身　上の羽根は冷却用で，その下に並んだ小さい四角形が半導体素子

図5・10は，代表的な半導体であるケイ素（シリコン）の結晶を模式的に示したものである．ケイ素は14族の元素であり，周期表では炭素のすぐ下に位置し，最外殻電子を4個もつ．そのため，隣の4つのケイ素原子と共有結合して結晶を形成する．この状態では，すべての電子はケイ素原子どうしの結合に使われているので，動くことができない．

そこで，ケイ素中にリン原子Pをごくわずか加える．リンは15族元素であり，周期表ではケイ素のすぐ右に位置する．15族元素の最外殻電子は5個であるから，このうち4個を用いてまわりのケイ素原子と結合したときに，結合に関与しない電子が1個余ることになる．図5・10(a)の青色の矢印で示した電子である．この電子は金属の自由電子のように，リン原子から離れて移動できる．電子が移動すると，リン原子は正電荷を帯びることになる．この場合，負電荷（negative charge）をもつ電子が動くので，**n型半導体**とよばれる．

また，ケイ素にホウ素Bをごくわずか加える場合もある．ホウ素は13族元素であり，最外殻電子は3個である．ホウ素原子がまわりのケイ素原子と結合しようと

すると，電子が1個不足する．図5・10(b) の青色の矢印で示した部分である．この部分は電子の抜けた"孔（あな）"となるので，隣のケイ素原子から電子が移動

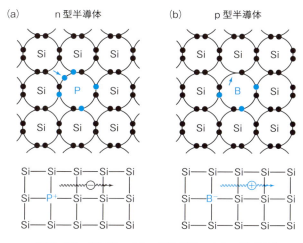

図5・10　半導体　(a) n 型半導体，(b) p 型半導体

してくる．このため，ホウ素原子は負電荷を帯びる．このようにして電子が移動すると，隣のケイ素原子に電子の抜けた"孔"が生じ，そこへさらに隣のケイ素原子から電子が移動してくる．その結果，正電荷（positive charge）をもつ"孔"（**正孔**という）がつぎつぎと移動することになって電気が流れる（図5・11）．このような半導体を **p 型半導体**とよぶ．

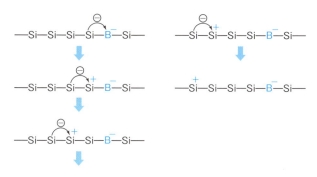

図5・11　p 型半導体における正孔の移動

問　題

5・1　つぎの物質は電気を流すか，それとも流さないか．a) アルミホイル，b) 自動車の車体，c) ゴム手袋，d) レモン

5・2　つぎの物質は酸化されるか，還元されるか，そのどちらでもないか．a) 燃料電池で発電中の水素，b) 水と混ぜられて水素イオンを与える酢酸，c) 電気めっきでトタンをつくるときの鉄と亜鉛

5・3　ケイ素（シリコン）につぎの原子をごくわずか加えると p 型半導体になるか，n 型半導体になるか．a) アルミニウム Al，b) ヒ素 As

6

生活を豊かにする化学：光

物質と同様に，光はどこにでもある．光は物質ではないが，光は物質から発生し，物質に吸収される．身のまわりには，このような光の性質を利用する物質や機器がたくさんあり，毎日の生活を豊かにしている．ここでは，光の基本的なふるまいについて学び，光を利用する物質や機器のしくみについて見てみよう．

6・1 光の正体

光は太陽や電球などの光源から発せられる．私たちは光がなければ，モノを見ることができない．光は原子と違って，実体がない．これでは「幽霊」と同じで，その正体を解き明かすことはできないと思うかもしれない．ところが，科学においては，光が"波"としての性質と"粒子"としての性質をあわせもつと考える．そうすると，光にかかわるさまざまな現象がうまく説明できるようになる．

光は，**電磁波**という"波"としても，**光子**という"粒子"としてもふるまう（図 6・1）．

電場と磁場*が互いに作用しあうことで振動し，その振動が波として伝わる．これが"電磁波"である．波が1往復するあいだに進む距離のことを**波長**という．電磁波は波長によって性質が異なってくる（6・1・1項）．一方，"光子"は電子と同じく小さな粒子であり，1個，2個と数えることができる．光子が物質にぶつかると，そのエネルギーをもらって，電子が飛びだし，物質の状態に変化がおこる（6・1・2項）．

---

* 電場とは電気的な力のはたらく空間，磁場とは磁力のはたらく空間のことをいう．

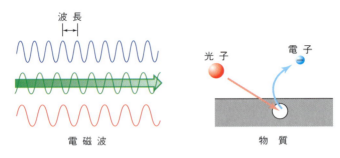

図6・1 光は，電磁波としても，光子としてもふるまう

6・1・1 電磁波の種類

電磁波は，波長によっていくつかの種類に分けられる（図6・2）．電磁波のもつエネルギーは波長が長いと低く，波長が短いと高くなる．

人間の目に見える電磁波はおおよそ 400 nm から 800 nm の範囲にあり，**可視光**とよばれている．図に示したように，私たちに見える可視光の色は，もっとも波長の短い"紫"から，"青"，"緑"，"黄"，"橙"，もっとも波長の長い"赤"へと変化する．これらの色がすべて混ざると白色光になる（図6・4）．

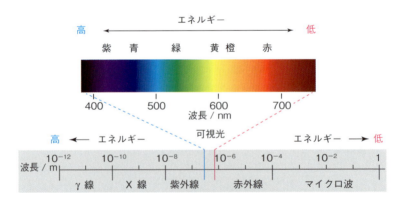

図6・2 さまざまな電磁波と可視光

人間の目では見えないだけで，可視光以外の範囲の波長の電磁波も身のまわりに存在している．

紫より波長が短い電磁波を，紫の外側という意味で，**紫外線**という．紫外線は，波長が短く，エネルギーが高いので，さまざまな分子において化学反応をひき起こ

6・1 光の正体

しやすい．このため，紫外線を浴びすぎるとよくない（8・1・2項，9・3・2項）．さらに波長が短く，エネルギーの高い電磁波が**X線**や**γ線**（ガンマ線）といった"放射線"（9・4・4項）である．

可視光より波長が長い電磁波は，赤の外側という意味で，**赤外線**という．赤外線のエネルギーは低いが，ちょうど分子中の原子と原子の結合を振動させる程度のエネルギーであるので，赤外線を吸収した分子は運動が活発になり，温度が上昇する（9・3・1項）．赤外線ヒーターやこたつは，この原理を利用している．さらに波長が長い電磁波は**マイクロ波**とよばれる．電子レンジでの加熱（8章コラム）や携帯電話での通信，テレビには，マイクロ波が利用されている．さらに波長が長い電磁波は，ラジオの放送に使われる．

また，電気の流れるところには必ず電磁波が発生し，家電製品の電磁波はラジオ波よりもかなり波長が長い．

6・1・2 光の吸収と発光

物質は光を発したり，光を吸収したりする．このとき，原子や分子レベルでは，なにがおこっているのだろうか．

原子中と同様に，物質を構成する分子中の電子も，"軌道"に存在している（2・3節）．電子は，エネルギーの低い軌道から順に2個ずつ詰まっていく．

さて，原子や分子にちょうどいいエネルギーをもつ光があたると，電子1個がそのエネルギーを吸収して，空いている軌道に移る．これが光の**吸収**である（図6・3a）．

このようにして高いエネルギーの軌道に入った電子は，もとの低いエネルギーの軌道に戻るときに，その差のエネルギーを光として発することがある．これが**発光**である（図6・3b）．

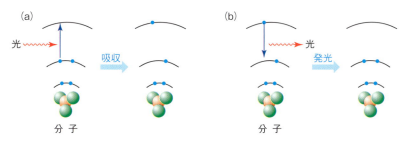

図6・3　分子による光の吸収(a)と発光(b)　原子の場合も同様である

6・2 身のまわりにあふれる色

身のまわりにはさまざまな"色"があふれている．色には，発光によるものと，光の吸収によるものがある．物質自体が発光する場合は，光そのものの色が見える．それに対し，物質の発光によらない場合は，光が物質にあたったとき，吸収されずに反射あるいは透過された光の色が見える．

6・2・1 色の見えるしくみ

可視光の色は，赤（R）と緑（G）と青（B）の**色光の三原色**の足しあわせでつくることができる．これらの光が混ざると，図6・4に示したような色になる．たとえば，赤色の光と緑色の光が混ざると黄色に見える．そして，三原色がすべて混ざると白色光になる．

図6・4　色光の三原色

私たちに"色"が見えるのは，眼の網膜にある視細胞に光の三原色を感じる3種類の分子が存在し，それぞれの分子が化学反応をおこし，その情報が脳に伝わり，色として認識されるためである（7・6節）．

植物の葉は緑色に見える．図6・5に示すように，これは光が葉にあたると，赤色（R）と青色（B）の光が葉の"色素"に吸収され（6・2・2項），緑色（G）の光が反射されて，その波長の光のみが目に届き，網膜の視細胞にある緑色を感じる分子が化学反応をおこし，その情報が脳に伝わるためである．このように，これらの3種類の分子が感じる光のぐあいによって，さまざまな色を見分けることができる．

また，すべての可視光の波長を吸収する物質は黒く見える．逆に可視光をまったく吸収しない物質は，白色光をそのまますべて透過または反射するので，無色透明

にあるいは白く見える．

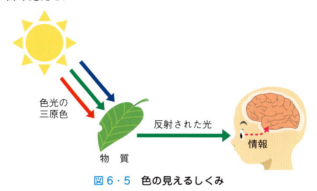

図 6・5　色の見えるしくみ

6・2・2　色　素

上でふれたように，植物の葉の細胞にある分子は赤色（R）と青色（B）の光を吸収して，緑色（G）を反射する．このように，可視光の一部を吸収し，それ以外の光を反射または透過させて，物質に色を与える分子を**色素**という．植物の葉には，クロロフィルという色素が含まれている．図 6・6 に示すように，クロロフィルはマグネシウムを含んだ有機分子である．その分子は可視光のうち，400 から 450 nm の青色の光と 600 nm から 700 nm の赤色の光をよく吸収する．一方で 500 から 600 nm の緑色の光はほとんど吸収しないため，クロロフィルは緑色に見える．

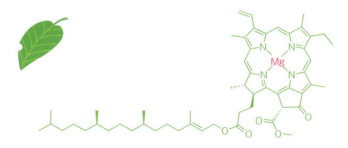

図 6・6　**クロロフィル**　実線のくさびは置換基が紙面より手前に出ていることを，破線のくさびは置換基が紙面よりも奥にあることを示す

ニンジンの赤色は，β-カロテンという色素による（図 6・7）．β-カロテンは 450 nm から 550 nm の青色から緑色の光を吸収し，それより波長の長い赤色の光を吸収しないので，赤色に見える．

図6・7　β-カロテン

　身のまわりでは，さまざまな色素が利用されている．色をつけるために用いられる色素を"染料"あるいは"顔料"という．**染料**は水や溶媒に溶ける色素であり（図6・8），**顔料**は水や溶媒に溶けないで微粒子として用いられる色素である．これらの色素は，絵の具や塗料，インキに使用されるほか，衣類やプラスチック，さらには食品などに色をつけるために用いられる（8・3・5項）．

図6・8　**天然染料**　植物から抽出した天然の色素で，古代から用いられてきた．右から紫檀，フェルナンブーコ，ドラゴンズブラッド，サフラン，ガンボージ

　図6・9に代表的な染料と顔料の化学構造を示した．これらの染料や顔料も可視光の一部を吸収するため，さまざまな色を呈する．
　青色のインジゴは植物の藍（アイ）の葉から，赤色のアリザリンは茜（アカネ）の根から取出された天然の色素であり，古くから顔料あるいは染料として用いられている．青色の銅フタロシアニンや赤色のスダンレッドは人工的につくられた色素である．銅フタロシアニンはクロロフィル（図6・6）と同様に，中心に金属原子（この場合は銅）が含まれ，そのまわりを有機分子が取囲んでいる．このような分子は**錯体**とよばれ，さまざまな色を呈することで知られている．私たちの血液の赤色は，

ヘモグロビンというタンパク質（7・4節）に含まれる鉄の錯体に由来している．また，スダンレッドのようにアゾ基（−N＝N−）をもつ"アゾ染料"は，比較的たやすくつくることができるので広く用いられている．

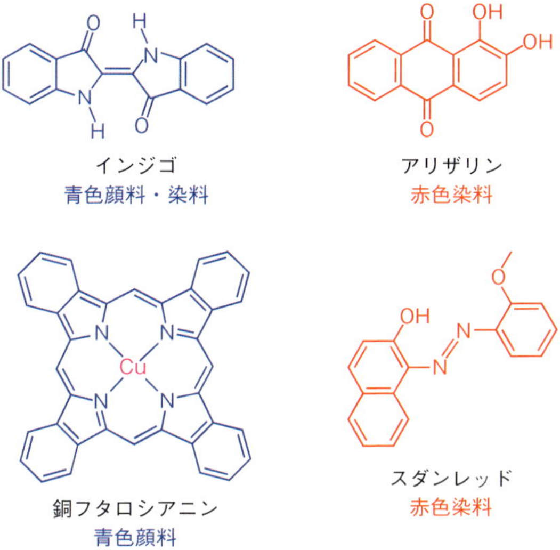

インジゴ
青色顔料・染料

アリザリン
赤色染料

銅フタロシアニン
青色顔料

スダンレッド
赤色染料

図 6・9　代表的な染料と顔料の化学構造

このような有機分子の色素のほかに，無機物質も顔料として利用されている．たとえば，硫化水銀 HgS からなる鉱物である辰砂（しんしゃ），酸化鉄 Fe_2O_3 からなる弁柄（ベンガラ）は赤色を呈する．ウルトラマリンとよばれる硫黄を含むアルミノケイ酸塩（4・3節）は美しい青色を呈する．また，酸化亜鉛 ZnO と酸化チタン TiO_2 は白色顔料として用いられ，化粧品にも含まれている（8・1・2項）．

これまで登場した有機分子の色素には，二重結合と単結合が交互に並んだ部分をもつという共通の特徴がある．なぜ，このような構造をもつ分子が可視光を吸収しやすいのか，簡単に説明しよう．二重結合では二組の電子対のうち，一組は原子をつなぎとめるために重要な役割を果たすが，もう一組は原子にそれほど強く引きつけられていない．前者の電子状態を変えるには，紫外線の大きなエネルギーが必要であるが，後者の電子状態を変えるには，可視光のより小さなエネルギーで十分である．これが可視光を吸収しやすい理由である．

花 火

夏の夜空を彩る花火のさまざまな色の光は，原子の発光によりもたらされる．

前節では，光の吸収によって電子がエネルギーの高い軌道に移ることについてふれたが，高温の熱によっても同様のことがおこる．花火では，火薬の爆発によって高温になった原子の電子がエネルギーの高い軌道に移って，もとのエネルギーの低い軌道に戻るときに，発光する（図6・3）．原子の種類によって軌道のエネルギーがそれぞれ決まっているので，表に示したように元素によって異なる色を放つ．

表 花火の色

材 料	発光する原子	色	波 長
酸化銅 CuO	Cu	青緑	510 nm
硝酸バリウム $Ba(NO_3)_2$	Ba	緑	553 nm
シュウ酸ナトリウム $Na_2(C_2O_4)$	Na	黄	588 nm
炭酸リチウム Li_2CO_3	Li	赤	671 nm

6・3 明かりと私たちのくらし

太古から，太陽と月明かりに加えて，人類は火をたいて明かりを得ていた．その後，ろうそく，油ランプ，ガス灯などが用いられてきたが，どれも薄暗い照明であった．電気を用いた明るい白熱灯が登場し，夜でも昼間のような活動ができるようになった．そして，より消費電力の小さい蛍光灯が広まるが，最近ではLEDが急速に普及している．ここでは，電気を用いた明かりのしくみと，どのような物質が利用されているか見てみよう．

6・3・1 蛍　光　灯

蛍光灯は，放電によって発生した紫外線を蛍光物質にあてて，可視光を放出させる照明器具である．

蛍光灯の構造を図 6・10 に示す．蛍光灯の外側はガラスの筒であるが，両端に電極がついている（図中❶）．電極は蛍光灯内でコイルになっており，その表面には電子を放出しやすい物質として，酸化バリウム BaO，酸化ストロンチウム SrO，酸化カルシウム CaO などの混合物が塗られている．スイッチを入れて電気を通すと，このコイル状の電極から電子が筒の中へ飛びだす．筒の中は，電子が空気の分子に捕まらずに飛びやすくするために，ほとんど真空になっている．ただし，少量の水銀 Hg の蒸気が入れられている[*1]．

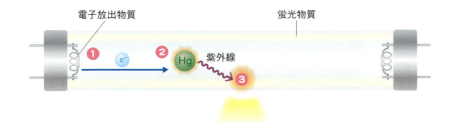

図 6・10　蛍光灯のしくみ

さて，電極を飛びだした電子は水銀の電子をはじき飛ばす（図中❷）．水銀は電子を失って水銀イオンとなるが，電子はすぐに戻ってくる．ところが，戻ってきた電子はもともと存在した軌道ではなく，より高いエネルギーの軌道に入るので，より低いエネルギーの軌道が空いている．電子が再びその軌道に移るときに，その差のエネルギーを光として放出する．ただし，この光は波長 254 nm のエネルギーの高い紫外線であり，眼には見えない．

水銀原子から放出された紫外線は，ガラスの筒の内側に塗ってある蛍光物質[*2]にあたる（図中❸）．蛍光物質は紫外線を吸収して，やはり電子が高いエネルギー

[*1] そのため，有害ゴミに分類されており，廃棄には注意が必要である．
[*2] 蛍光物質としては，ユーロピウムイオン Eu^{2+}，Eu^{3+} やテルビウムイオン Tb^{3+} を含む物質が用いられる．これらの元素は，周期表の左下のほうにある第 6 周期，3 族のランタノイドといわれる元素である（裏表紙参照）．

の軌道に移される．そこからいくらかエネルギーを失ってから，最初にあったエネルギーの低い軌道に戻ることによって，紫外線よりもエネルギーの低い可視光を放出する．

6・3・2　LED：発光ダイオード

　照明器具として，いくぶん価格は高いものの，消費電力が小さく，熱のもとになる赤外線も，有害な紫外線も出さず，寿命が長く，水銀を含まない，といった利点のため，蛍光灯に替わってLEDが広まっている（図6・11）．照明用のほか，携帯電話，ディスプレイなどの電子機器のバックライト（6・4節），信号機などに利用されている．

図6・11　**街路樹に光る青色発光ダイオード**　青色LEDには窒化ガリウムGaN系の物質が用いられている

　LED（light emitting diode）は，発光ダイオードのことである．"ダイオード"は2種類の半導体でできた素子であり，ひとつの方向にしか電流を流さない性質をもつ．

　LEDは，図6・12に示すように，p型半導体とn型半導体を貼りあわせたような構造をしている．p型半導体中では正孔が移動し，n型半導体中では電子が移動する（5・3節）．p型半導体側が正に，n型半導体側が負になるように電圧をかけると，p型半導体中の正孔はn型に向かって移動し，n型半導体中の電子はp型に向かって移動する．

ちょうど p 型と n 型が接する部分で，電子と正孔は結びついて消滅する．このとき，余分のエネルギーが"光"として放出される．これが LED の原理である．

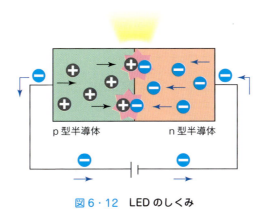

図 6・12　LED のしくみ

6・4　液晶ディスプレイ

　テレビやパソコンのディスプレイはひと昔前まではブラウン管だったが，最近ではすべて薄型ディスプレイになった．薄型のなかでも代表的なのが，**液晶ディスプレイ**である．

　液晶ディスプレイは，どのようなしくみで画像や動画を表示するのだろうか．液晶ディスプレイの光を発しているバックライトとよばれる部分は，蛍光灯の一種や LED からなっている．液晶が，その前面に薄い膜状に塗られていて，バックライトの光を通したり遮断したりする役割をもつ．

　さて，液晶とはどのような物質だろうか．液晶という名前は"液体"と"結晶"に由来する．結晶では，分子（原子）が規則的に並び，決まった位置に存在する．一方，液体では，分子が動きまわり，分子の向きはそろっていない．ところが細長い分子のなかには，結晶状態から温度を上げていき，分子の運動が活発になったときに，分子の向きがそろっていながら流動性を示すものがある．このように，液体と結晶の中間的な性質をもつ物質を**液晶**という．

　図 6・13 に，液晶になる分子の例と，それらの分子が並んだ様子を示した．液晶になる分子は細長いものが多いが，もうひとつの特徴として，分子中に電荷の偏りがあり，電圧をかけると向きが変わることがあげられる．

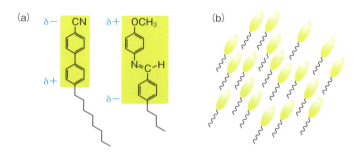

図 6・13 **液晶** (a) 液晶となる分子の例. δ＋とδ－は, 電荷の偏りを示す.
(b) 液晶中の分子の配列

ディスプレイは画素とよばれる小さな四角い領域が集まってできており, 画素ごとに電圧をかけることができる. 各画素には, 赤 (R), 緑 (G), 青 (B) のいずれかのカラーフィルターがかけられている. 図 6・14 の場合, 電圧がかかった赤 (R) と緑 (G) の画素では液晶分子の向きが変わり, バックライトからの光を通すことができないが, 電圧がかかっていない青 (B) の画素は光を通すことができるので, 青色のみが表示される.

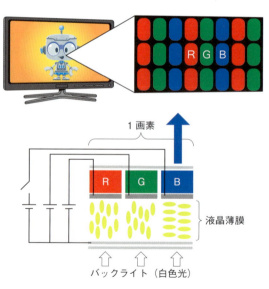

図 6・14 **液晶ディスプレイのしくみ**

このように画素ごとに液晶による光のオン・オフが行われ，いろいろな色を表現することで，画像や動画を再現する．

6・5 レーザープリンター

レーザープリンターは，レーザー光による"感光"を利用して，美しい文字や絵を印刷する機器である．感光とは，物質に光をあてることで化学反応をひきおこす現象をさす．プリンターの中心となるのは，「感光ドラム」といわれる部品である．感光ドラムは円柱型をしており，側面に紙が巻き付いて印刷される．

そのしくみを図6・15に示した．❶ まず，ドラムの表面に，負の"静電気"を帯びさせ，電子が余分に存在する状態にする．❷ つぎに，マゼンタ（赤紫色）に印刷する部分にレーザーを照射する．ドラムの表面は有機分子を含むフィルムでできており，このフィルムは光があたると電子が移動する性質をもつ．そこで，レーザー光があたった部分だけ，静電気のもととなっていた電子が移動して表面からな

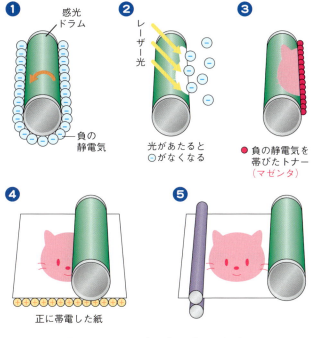

図6・15　レーザープリンターのしくみ

くなる．❸ ここで,「トナー」を感光ドラムに近づける．トナー*1 はマゼンタなどの色がついた微粒子のインキであり，負電荷を帯びている．そのため，トナーは感光ドラム上の負電荷と反発するが，レーザーがあたって負電荷がなくなった部分には付着できる．❹ この状態で，ドラムを正に帯電した紙に押しつけると，トナーが紙に転写される．この段階ではトナーは紙の上にのっているだけなので，❺ 最後に，熱と圧力でトナーを溶かして，紙にしみ込ませて印刷が完了する．

6・6 光は情報を伝える：光ファイバー

インターネットによって，さまざまな情報が地球のどこでも瞬時に届くようになった．この大容量，高速でのデータのやりとりは，世界中に張りめぐらされた光ファイバーを通して実現されている．

光ファイバーでは，電気信号を光に変えて情報を伝達する．一般に，光ファイバーは SiO_2 を成分とする石英ガラスでできている（4・3 節）．途中で光の吸収や散乱がおこらないように，高純度の材料を用いる必要がある．そこで，天然の鉱物から加工されるのではなく，四塩化ケイ素 $SiCl_4$ のガスを水素と酸素を含む炎中で反応させて，化学的につくられる．反応式は，以下のようになる．

$$SiCl_4 + 2H_2 + O_2 \longrightarrow SiO_2 + 4HCl$$

生成した SiO_2 を加熱して融解した状態で直径 0.1 mm 程度の線状にひき伸ばされて，細長い繊維（ファイバー）となる．

一般に，屈折率*2 の異なる材料が接しているとき，屈折率の大きなほうから浅い角度で境界面にあたった光は，屈折率の小さなほうには進まず，すべてが反射される．これを"全反射"という．

光ファイバーは，光が全反射する性質を利用するために，ファイバーの中心に近い部分の屈折率が周囲よりも大きくなるように設計されている．SiO_2 をつくる際に，ファイバーの中心部となる部分に，$SiCl_4$ に加えて四塩化ゲルマニウム $GeCl_4$

---

*1　トナーの色には，通常，シアン（C），マゼンタ（M），イエロー（Y），ブラック（K）の 4 種類がある．シアン，マゼンタ，イエローのことを**色材の三原色**といい，これらを組合わせることで，すべての色が表現できる．ただし，より完全な黒をつくるため，ブラック専用のトナーが追加されている．トナー用の色素として，シアン，マゼンタ，イエローは有機分子が，ブラックにはカーボンブラックとよばれる炭素の微粒子が用いられている．

*2　屈折とは，光がある物質から別の物質に入るとき，その境界で進む向きを変えることをいう．そのときの光の曲がりぐあいを表すのが屈折率である．

を混ぜると，生成する SiO_2 に GeO_2 が混ざる．一般に電子数の多い原子（Ge；原子番号 32）を含む材料のほうが，電子数の少ない原子（Si；原子番号 14）からなる材料より屈折率が大きいので，ファイバーの中心部では周辺よりも屈折率が大きくなる（図 6・16）．このようなしくみによって，光が途中で失われずに，長い距離を伝達できる．

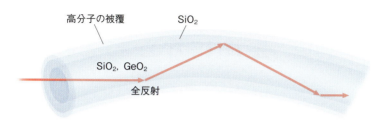

図 6・16　光ファイバーのしくみ　高分子の被覆は，ファイバー自身の強度を高め，光が途中で失われることを防ぐためにある

問　題

6・1　つぎの物質は何色に見えるか．a) 赤と緑を吸収する物質，b) 赤と緑を発光する物質，c) 赤と緑と青を吸収する物質

6・2　液晶ディスプレイ用の RGB フィルターにはそれぞれ何色を吸収する物質を用いればよいか．

6・3　黒い紙と白い紙に日光をあてるとどちらの温度がより高くなるか．それはなぜか．

7 生命にかかわる物質

　生物は，さまざまな有機分子によって支えられている．私たちのからだをつくったり，生命を維持するために必要な化学反応を行うときにも，多くの有機分子がはたらいている．さらに心で感じたり，頭で考えたりしているのも，多くの分子がせっせとはたらいている結果である．ここでは，生物にとって特に重要な有機分子である糖質，脂質，アミノ酸，タンパク質，DNA，ビタミンについて，それぞれの構造と役割について見てみよう．

7・1 糖質（炭水化物）

　糖質は生物のエネルギー源となる重要な物質である．また，植物の細胞壁をつくる材料でもある．一般に，糖質は炭素，水素，酸素からなる分子であり，炭素 C に加えて水素 H と酸素 O の数が 2：1 で含まれている．見かけ上，炭素と水 H_2O があわさってできた分子であることから，**炭水化物**ともよばれる[*]．

　糖質のもっとも基本的な分子は**単糖**とよばれ，炭素数 5 と 6 のものが多く存在する．単糖には，グルコース（ブドウ糖）やフルクトース（果糖）などがある．グルコースは重要なエネルギー源であり（8・3・3 項），フルクトースは果実に含まれる．単糖から水がとれて 2 つの分子がつながると**二糖**になる．砂糖の主成分であるスク

---

[*] 糖質の分子中に水素と酸素が水分子として含まれているわけでなく，その比率も必ずしも 2：1 でないものもある．また，窒素や硫黄が含まれている糖質もある．

7・1 糖質（炭水化物）

ロース（ショ糖）は，グルコースとフルクトースからできている．表7・1に代表的な単糖および二糖を示した．

表7・1 代表的な単糖および二糖

名称と構造	由来など
グルコース（ブドウ糖）／炭素のCとそれに結合した水素Hを省略した表記	生物の主たるエネルギー源であり，穀物や果物に含まれる．デンプンやセルロースの構成単位である．
フルクトース（果糖）	果実に含まれる．ハチミツの主成分はフルクトースとグルコースである．ハチミツは，花の蜜(スクロース）がハチのだ液によって分解されたもの．
マルトース（麦芽糖）［グルコース＋グルコース］	麦芽や水あめの主成分．大麦を発芽させたものが麦芽であり，麦芽などに含まれたデンプンがアミラーゼという酵素によって分解されて生成する．さらにマルターゼという酵素によってグルコースに分解される．
スクロース（ショ糖）［グルコース＋フルクトース］	砂糖の主成分．植物のサトウキビやテンサイ（ビートともいう）から得られる．花の蜜の主成分でもある．
ラクトース（乳糖）［ガラクトース＋グルコース］	ヒトの母乳や牛乳に含まれ，乳児にとって重要な栄養素である．ヒトでは，成人になるとラクトースを分解するラクターゼという酵素のはたらきが弱くなる．

7. 生命にかかわる物質

単糖が多数つながると，**多糖**とよばれる高分子ができる．ご飯やパン，いも類などに含まれるデンプンは，多数のグルコースが結合してできている（図7・1）．

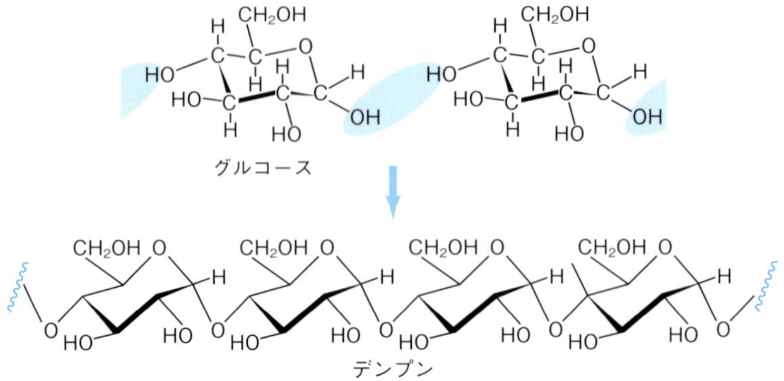

図7・1　グルコースが多数つながってデンプンができる

植物の細胞壁を構成するセルロースもグルコースからなる．その構造を図7・2に示す．デンプンとの違いは，図中の青色の矢印で示した炭素についている水素 H の向きにあり，CH_2OH を上向きに描いたときに，セルロースでは，この水素が下向きになる．一方，デンプンでは，この水素が上向きになる（図7・1）．

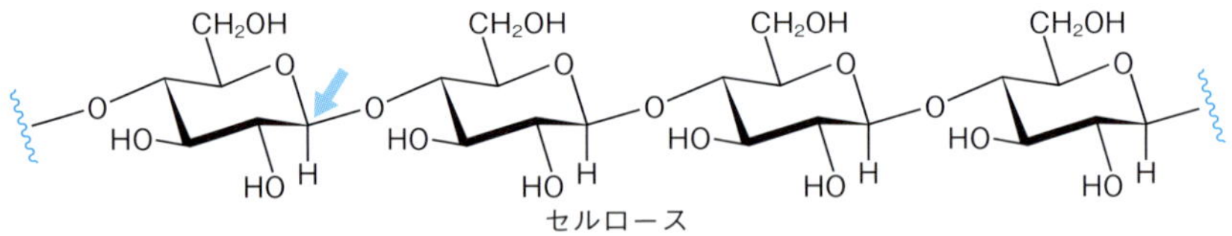

図7・2　セルロースの構造

このように水素の向きが変わるのは，図7・3に示したように，水溶液中では青色の矢印で示した結合が切れたりつながったりして，この部分の炭素についた水素の向きが，絶えず変化するためである．このようなわずかな違いであっても，デンプンとセルロースの性質に大きな違いが現れる．デンプンは水に溶けて，ヒトの体内で分解されて小腸で吸収されるが，セルロースは水に溶けず，ヒトの体内では分解されず小腸で吸収されない．

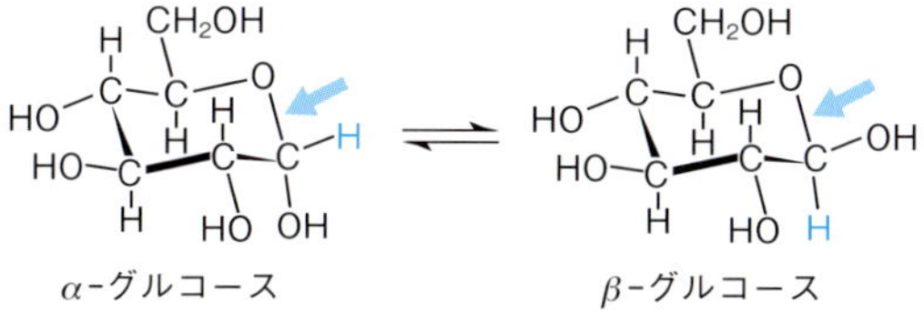

図7・3 グルコースの構造は絶えず変化している 青色の水素Hが上向き（ヒドロキシ基OHが下向き）のものをα-グルコース，青色の水素Hが下向き（ヒドロキシ基OHが上向き）のものをβ-グルコースという．デンプンは前者から，セルロースは後者からなる

7・2 脂　質

脂質とは，生物中の水に溶けにくい分子の総称であり，さまざまな種類のものが存在する．脂質は体内においてエネルギーを貯蔵するためや，細胞膜の材料などとして使われる．食品中に含まれる脂質のほとんどは，図7・4に示した中性脂肪の一種であるトリアシルグリセロール（油脂ともいう）であり，アルコールの一種であるグリセロール1個と，長い炭化水素鎖をもつ脂肪酸3個がエステル結合（4・6・4項）してつくられる．長い炭化水素鎖をもつため，水に溶けにくい性質をもつ．

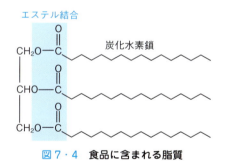

図7・4　食品に含まれる脂質

　食品中に含まれる脂肪酸の炭素数は16と18のものが多い．脂肪酸には，炭化水素鎖が単結合のみからなる**飽和脂肪酸**と，いくつかの二重結合を含む**不飽和脂肪酸**がある．図7・5に，炭素数18の脂肪酸を示した．
　飽和脂肪酸はジグザグで伸びた形をしているが，不飽和脂肪酸は折れ曲がった形をしている．不飽和脂肪酸では，炭化水素鎖は二重結合のある箇所で折れ曲がる．この折れ曲がりの程度は，二重結合の数が多いほど大きくなる．
　バターやラードなど動物性脂肪には飽和脂肪酸が多く含まれ，常温で固体である．

それに対し、なたね油、オリーブオイルなど植物性脂肪には不飽和脂肪酸が多く含まれ、常温で液体である。この違いは分子の構造に由来し、飽和脂肪酸は直線状であるため、分子どうしが密に集まって固体になりやすいが、不飽和脂肪酸は折れ曲がっているため、分子どうしがあまり密に集まれず固まりにくい。

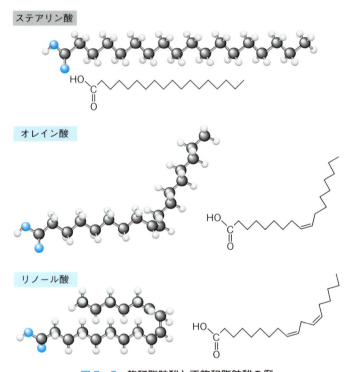

図7・5 飽和脂肪酸と不飽和脂肪酸の例

7・3 アミノ酸

　アミノ酸は、1つの炭素原子にアミノ基（−NH$_2$）、カルボキシ基（−COOH）、水素原子、置換基Rが結合した分子である（図7・6）。その構造はメタンと同様に、炭素原子を中心とする正四面体形をとる。アミノ酸はタンパク質をつくる材料であり（7・4節）、タンパク質は置換基の異なる20種類のアミノ酸からなる。この20種類のうち、私たちの体内でつくることのできないものが9種類あり、食事からとる必要がある。これらを"必須アミノ酸"という。

7・3 アミノ酸

アミノ基 NH_2 は，水素イオンが多い酸性水溶液中（低 pH）では水素イオンが結合して NH_3^+ になり，カルボキシ基 COOH は，水素イオンが少ない塩基性水溶液中（高 pH）では水素イオンがはずれて COO^- に変化する．

中性（pH 7）付近の場合，アミノ酸のアミノ基とカルボキシ基は NH_3^+ と COO^- となっており，正電荷と負電荷を両方もつイオンとして存在する．アミノ酸は，酸性では NH_3^+ と COOH の組合わせとなり正電荷を帯びた陽イオンになる．一方，塩基性では NH_2 と COO^- の組合わせとなり負電荷を帯びた陰イオンになる．また，いくつかのアミノ酸には，図 7・6 に示した基本構造の置換基 R が正電荷あるいは負電荷を帯びるものがある．

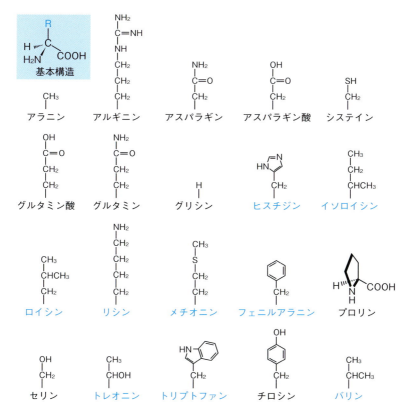

図 7・6 **タンパク質を構成する 20 種類のアミノ酸** 左上の基本構造における置換基 R の部分だけを示した．ただし，プロリンはアミノ酸自体の構造を示した．また，必須アミノ酸はその名前を青色で示した

鏡の中のアミノ酸

右手を鏡に差し出す．鏡に映った手（像）と右手は，どのようにしても重ねあわせることはできない．これは右手と左手の関係と同じである．つまり，鏡に映った手は，左手に相当する．

同じことがアミノ酸の分子でもおこる．下図のように，アラニンの分子モデルを鏡に映してみよう．やはり，これらの分子は重ねあわせることができない．アミノ酸でも，このような右手と左手の関係をもつ2種類の分子が存在する．これらをL体とD体とよんで区別している．

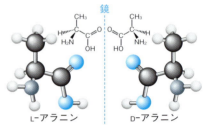

L-アラニン　　　D-アラニン

下記の模型をつくって，実際に確かめてみよう．実線にそって切りとり，破線のところを折り曲げて，"のり"づけして正四面体をつくる．そして，できあがったD体とL体の向きをいろいろと変えてみて，重なりあうかどうか試そう．

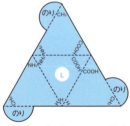
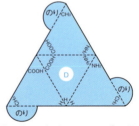

このような右手と左手，つまり鏡像関係にある分子はアミノ酸に限らず，1つの炭素原子に4つの異なる原子あるいは原子団が結合している分子で見られる．

興味深いことに，鏡像関係にある2つの分子では，沸点や融点などの物理的および化学的性質は同じであるが，生物に対する作用がまったく異なる．たとえば，リモネンという分子には，レモンやオレンジの香りのするものと，森の香りがするものがある．このような違いは，鼻の中にある"におい"を感じる分子（タンパク質）が，L-アミノ酸のみからできており，2つの鏡像関係にある分子とのあいだで相互作用がまったく異なるために生じる．

7・4 タンパク質

生物の細胞内で，タンパク質は水のつぎに多く含まれる物質である*．さまざまなタンパク質が，生命の維持に欠かせない重要な役割を果たしている．

7・4・1 タンパク質の構造と種類

タンパク質は，多数のアミノ酸が結合してできた物質である．アミノ酸どうしはアミド結合でつながっている（4・6・4項）．このアミド結合のことを，特にタンパク質において**ペプチド結合**とよんでいる（図7・7）．

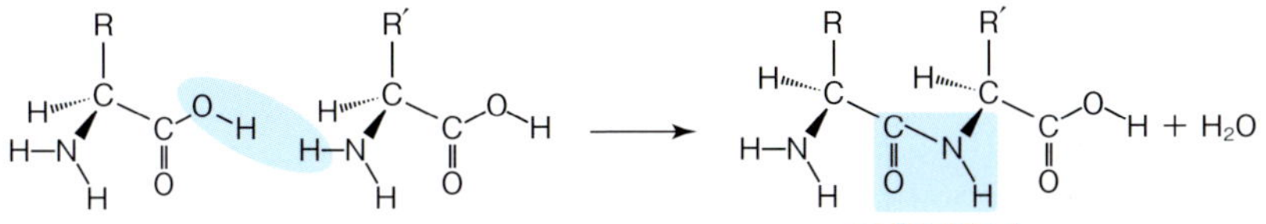

図7・7　ペプチド結合の形成

2つのアミノ酸がペプチド結合によってつながったとき，その両端にもアミノ基（$-NH_2$）とカルボキシ基（$-COOH$）が存在する．このため，アミノ酸はペプチド結合によってつぎつぎと結合することができる．図7・6に示した20種類のアミノ酸が，いろいろな並び方で結合できるので，多くの種類のタンパク質が存在する．

アミノ酸からなるタンパク質分子は折れ曲がり，"立体的な"構造をつくりだす．このようなタンパク質の形は，大きく2通りに分けられる．ひとつは，平行に並んだタンパク質分子が寄りあわさって繊維状になったものである（図7・8a）．繊維状タンパク質の代表的なものは，皮膚，骨や腱に含まれる**コラーゲン**であり，ヒト

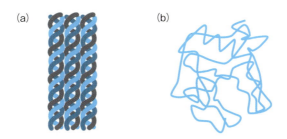

図7・8　繊維状タンパク質(a)と球状タンパク質(b)

---

* 水が7割，タンパク質が2割ほどである．

では全タンパク質の約30%を占める．また，髪の毛はケラチンというタンパク質繊維でできている（8・1・3項）．

もうひとつは，複雑に折れ曲がって，丸くなったものである（図7・8b）．このような球状タンパク質には，つぎに述べる"酵素"などがある．

7・4・2 酵　素

生命を維持するため，体内では化学反応を効率的に進行させる必要がある．その役割をになう分子が**酵素**であり，"触媒"としての作用をもつ（5・2・4項）．酵素は球状のタンパク質からなり，それぞれに特有の形をもつ．酵素の表面には"くぼみ"があって，そこに酵素の作用を受ける物質（「基質」という）を取込んで，化学反応をおこす．

「基質」は酵素の"くぼみ"の形にぴったりあうものだけが取込まれる（図7・9）．これは鍵と鍵穴の関係に似ている．このため，酵素は特定の物質だけにはたらくことができる．たとえば，だ液などに含まれるアミラーゼはデンプンのみに作用し，胃液に含まれるペプシンはタンパク質のみに作用する（8・3・2項）．

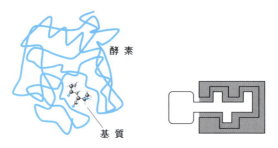

図7・9　**基質と酵素(左) および鍵と鍵穴(右)**

それぞれの酵素にはもっともよくはたらく温度とpHがある．ほとんどの酵素は，体温あるいはそれより少し高めの温度が最適な温度であり，中性付近が最適なpHとなる．ただ例外もあって，胃液中でタンパク質を分解するペプシンはpH 2付近でよくはたらく．

7・5　遺伝情報をになう物質：DNA

ヒトの子はヒト，カエルの子はカエルである．生物では，親から子へと，形や性質が受け継がれている．ここでは，このような遺伝に関する情報がどのようなし

7・5 遺伝情報をになう物質：DNA

くみで，親から子へと伝わるのか見てみよう．

7・5・1 遺伝情報は染色体を介して伝えられる

生物のからだはさまざまな細胞からできており，それら細胞の中には"核"とよばれる球形の構造体が存在し，その中にある**染色体**を介して遺伝情報が伝えられる．

染色体は2本で1組となり，その数は生物ごとに決まっている．ヒトでは，1個の細胞に23組46本の染色体が存在する（図7・10a）．父親から各組1本ずつ23本が，母親から各組1本ずつ23本が，子に受け継がれる．

22組の染色体はそれぞれ同じタイプのものからなるが，性別を決める染色体だけタイプが異なる．男性はXYという組合わせをもち，女性はXXという組合わせをもつ．父親からX染色体が伝わると，子はXXとなって女性になる．一方，父親からY染色体が伝わると，子はXYとなって男性になる（図7・10b）．

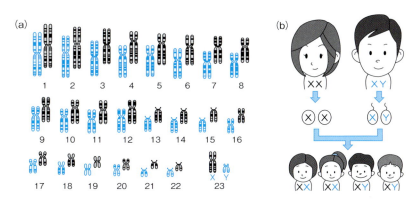

図7・10 染色体 (a) ヒトの23組46本の染色体の模式図，(b) 性別の決定

7・5・2 遺伝情報はDNAに書き込まれている

遺伝情報は染色体を介して伝わるが，染色体は"DNA"という分子からできている．DNAはとても細長い分子なので，核の中の狭い空間では，ある特殊なタンパク質の助けをかりて，ぎっしりと折りたたまれている*．これが染色体の正体であり，遺伝情報はこのDNAの中に書き込まれている．

---

* 1本のDNAの長さは数cm（10^{-2} m）であり，核の直径は数μm（10^{-6} m）である．

DNA（デオキシリボ核酸）*は，糖（デオキシリボース），リン酸（H_3PO_4），核酸塩基からなる"ヌクレオチド"という基本単位（図7・11a）が多数結合してできた高分子である．糖とリン酸が交互につながって長い鎖を形成し，その糖の部分に核酸塩基が結合している（図7・11b）．さらに，この細長い鎖が2本からみあって，**二重らせん構造**をつくっている（図7・11c）．このとき，核酸塩基は互いに内側を向いて，対を形成する．

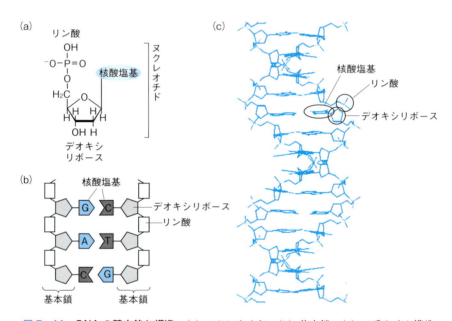

図7・11 DNAの基本的な構造 (a) ヌクレオチド，(b) 基本鎖，(c) 二重らせん構造

核酸塩基には，アデニン（A），チミン（T），グアニン（G），シトシン（C）という4種類がある．そして，対になるのは必ずAとT，GとCに決まっている．

図7・12に示すように，4種類の核酸塩基は部分的に正と負の電荷を帯びており，AとTでは2本，GとCでは3本の水素結合を形成し，対をなしている．この2つのタイプの塩基対を比べてみると，大きさや形がよく似ているのがわかる．その

---

* DNAは deoxyribonucleic acid（デオキシリボ核酸）の略．

ため，整った形の規則的な二重らせん構造をつくることができる．

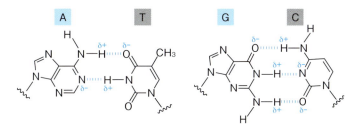

図7・12　**核酸塩基対どうしの水素結合**　必ずAとT，GとCの組合わせになる

このように，対になる相手が必ず決まっていると，自己を正確に複製できる．複製が始まるときには，いったん核酸塩基対どうしの水素結合が切れて，二重らせんがほどけて1本の鎖になる．このとき，図7・13のように，Tの向かいにはA，Gの向かいにはCという具合にヌクレオチドがやってきて，それらがつながっていくと，最終的にもとのDNAとまったく同じDNAができあがる．

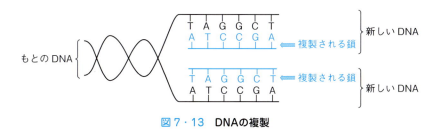

図7・13　**DNAの複製**

ところで，その生物に特有の形や性質を決めるのは，"タンパク質"である．すでに述べたように，タンパク質は生物のからだをつくったり，さまざまなはたらきをになっている．そして，DNAに書かれた遺伝情報にしたがって，アミノ酸の配列が決められ，さまざまな種類のタンパク質がつくられる．具体的には，DNAにおける4種類の核酸塩基A，T，G，Cの"並び方の順序"が「暗号」となって，20種類のアミノ酸が指定される．

以上のように，DNAに書き込まれた遺伝情報は，親から子へと伝えられ，その生物に特有の形や性質などが受け継がれる．

DNA に書かれた遺伝情報は，親から子へと伝えられる

7・6　ビタミン

ビタミンは，糖質，脂質，タンパク質と同様に，生命の維持に欠かせない有機分子であり，わずかな量で作用を示す．ビタミンには 13 種類あり，ヒトの体内ではほとんど合成できないため，食事からとる必要がある．

ビタミン A はニンジンなどに含まれる β-カロテンが，ヒトの体内で真ん中から 2 つに分解してできる．

β-カロテン

↓ ヒトの体内

ビタミン A

ビタミン A はヒドロキシ基（−OH）をもち，この部分がホルミル基（−CHO）に変換されてレチナールとよばれる分子になる．

レチナール

6・2 節で見たように，ヒトが光を感じて，さまざまな"色"として認識できるのは，眼の網膜上の視細胞にある物質のはたらきによる．この物質はレチナールにオプシンよばれるタンパク質が結合してできている．オプシンには 3 種類あり，このため視細胞は色光の三原色（赤（R）・緑（G）・青（B））のいずれかを感じることができる．

図 7・14 に示すように，レチナールはタンパク質と結合した状態では途中で折れ曲がった形をしている．そして，目に入ってきた光を吸収すると，まっすぐに伸びた形に変化し，それにあわせてタンパク質の構造も変化する．このことが引き金となって，視細胞からの情報が信号として脳に伝わる．3 種類の視細胞の光の感じ方によって，さまざまな色が認識できる．

図 7・14　色を認識するための引き金となる反応

ビタミン C やビタミン E は体内で酸化を防ぐはたらきがあり，酸化防止剤として食品に加えられる（8・3・5 項）．

問　題

7・1　つぎの特徴をもつのは，糖質，脂質，タンパク質のうちどれか．a) デンプンの分解を促進する，b) 長い炭化水素鎖をもち細胞膜の材料となる，c) 細胞壁の材料となる

7・2　グルタミン酸，グリシン，リシンのうち，置換基の部分が a) 酸性で正電荷を帯びる，b) 塩基性で負電荷を帯びるアミノ酸はそれぞれどれか．

7・3　単糖から二糖や多糖ができるとき，グリセロールと脂肪酸から脂質ができるとき，アミノ酸からタンパク質ができるとき，共通して生成する分子は何か．

7・4　DNA の 1 本の鎖の塩基配列が ATTGCCAT であった．この鎖と二重らせんを形成する DNA の塩基配列を書け．

8

すこやかに生きるための化学

　毎日の生活をすこやかに過ごすために，身だしなみを整え，しっかりと食事をして栄養をとり，病気になったら薬を飲んで治療する．このような場面でも，化学が重要な役割を果たしている．

8・1　身だしなみの化学

　体をきれいに洗って，化粧をほどこし，ヘアスタイルを整え，衣服をまとう．ここでは，このような身だしなみについて，化学しよう．

8・1・1　セッケンと洗剤

　衣服や食器，皮膚の表面についた"油汚れ"は，水で洗っただけでは，なかなか落ちない．これは，水と油は混じりあわないため分離して，水に油を溶かすことができないからである．そのため，汚れを落とすには，油を溶かして，水で洗い流すことのできる物質が必要となる．

　油汚れの代表的なものとして，7・2節でふれた油脂があり，"セッケン"や"洗剤"を使うときれいに落ちる．

　セッケンは動物や植物由来の油脂をアルカリ（NaOH あるいは KOH）で煮込んでつくられる．図8・1に，セッケンの分子構造を示した．セッケンは長い炭化水素部分と，カルボキシ基の水素イオンがはずれて陰イオン（COO$^-$）になった部分をもっている．一般に，似たものは似たものに溶ける．よって，長い炭化水素部分は油脂と同じ構造をもつため，油とよくなじむ．一方，3・2節で見たように，イ

オンになった部分は，水とよくなじむ．このように水と油という両方の媒質になじむ性質のことを"両親媒性"という．セッケンや洗剤は両親媒性をもつ代表的な物質である．

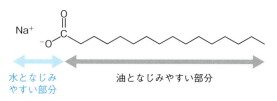

図8・1　セッケンの分子構造

セッケンを水に加えると，油となじみやすい（親油性）部分どうしが寄せ集まって，水となじみやすい（親水性）部分を外側にした**ミセル**という球状の集合体をつくる．ミセルは，外側が親水性の部分で囲まれているので，水に溶けることができる．一方で，ミセルの内側には，図8・2のように"油汚れ"が溶けこむことができるので，セッケンがあると，油と水がよく混ざることになる．その結果，セッケンを使えば，水で油汚れを洗い流すことができる．

セッケンのように，本来は混ざりあわない水と油の境界（界面という）に入りこみ，混ぜあわせることのできる物質を**界面活性剤**という．

洗剤にはセッケンに似た分子構造をもつ界面活性剤*が含まれており，同様のしくみで汚れを落とす．

界面活性剤は，あとでふれるように，化粧品や食品などでも重要な役割を果たしている．

図8・2　ミセルの形成

＊　水に溶けると，親水性の部分が，① 陰イオンになるもの，② 陽イオンになるもの，③ 酸性領域では陽イオンに，アルカリ性領域では陰イオンになるもの，④ イオン化しないものがある．

酵素入り洗剤

　洗剤には，界面活性剤のほかに"酵素"を含むものがあり，界面活性剤だけでは落ちにくい汚れを取除く効果がある．

　8・3節で述べるように，食べ物を消化するとき，酵素によって，糖質，タンパク質，脂質がより小さな分子に分解される．この力を利用して，食べ物などによる汚れを落とすことができる．

　また，木綿はセルロースの繊維からなるが，繊維のすきまに入り込んだ汚れは，セルロースを分解する酵素（セルラーゼ）を加えると，繊維を部分的に分解して，汚れを抜けやすくすることができる（図）．

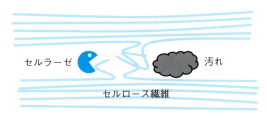

図　セルラーゼは汚れを繊維のすきまから抜けやすくする

8・1・2　化粧品

　ヒトはずっと美しくありたいと思い，さまざまに化粧をほどこしてきた．**化粧品**はからだを清潔にし，容姿を美しく魅力的なものにし，皮膚などをすこやかに保つために利用されるが，多くの物質が含まれている．図8・3には，"ファンデーショ

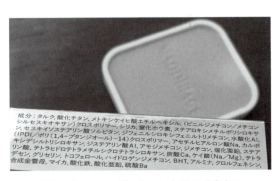

図8・3　ファンデーションとその成分表示

8・1 身だしなみの化学

ン"の成分を表示した．そのうち，図8・4に示した成分に注目して見ていこう．

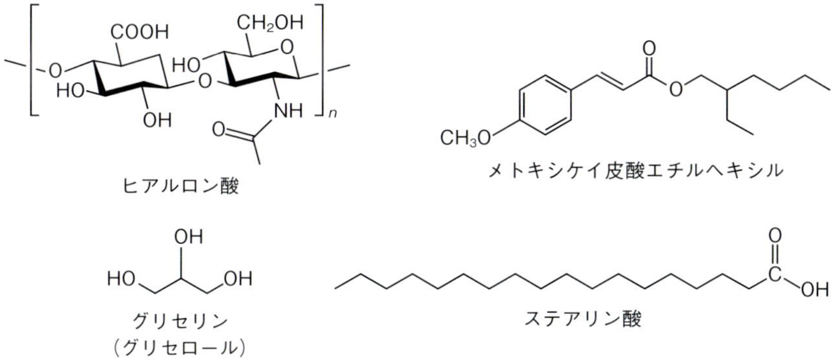

ヒアルロン酸

メトキシケイ皮酸エチルヘキシル

グリセリン
（グリセロール）

ステアリン酸

図8・4　ファンデーションの代表的な成分

ファンデーションの基本的な機能に**保湿**がある．保湿するためには，水分が肌から蒸発するのを防ぐ必要がある．このさい，たびたび登場してきた"水素結合"が利用される．

アセチルヒアルロン酸 Na は，ヒアルロン酸の一部が少しだけ変化した分子である．ヒアルロン酸は2種類の単糖が交互に結合してできており，皮膚や関節，眼などに存在する高分子である．ヒドロキシ基（−OH）やアミド結合（C(=O)NH）の部分が，水分子と水素結合を形成して，水分が蒸発するのを防ぐ．同様に，グリセリン（グリセロール）もヒドロキシ基をもち，水分子と水素結合して，保湿の役割を果たす（図8・5）．

そのほかの機能として，**紫外線防止**も重要である．紫外線（6・1・1項）は，日焼けによる炎症やシミやシワなどの原因となるので，紫外線から肌を守る必要があ

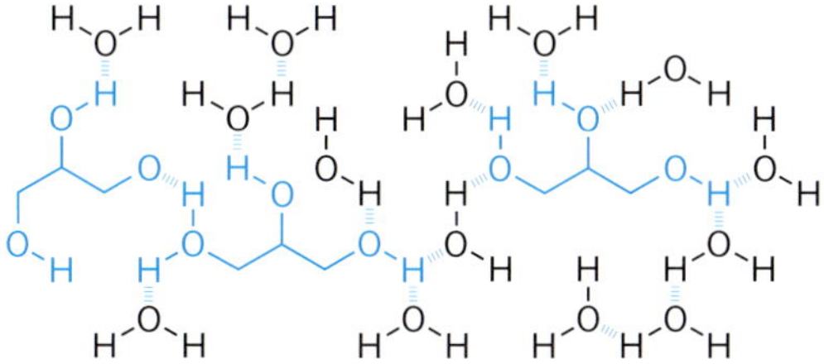

図8・5　グリセリン（グリセロール）による保湿　　は水素結合

る．メトキシケイ皮酸エチルヘキシルは，"紫外線吸収剤"として用いられる．紫外線吸収剤として用いられる分子は単結合と二重結合を交互に並んだ構造をもつ．このような分子は紫外線を吸収し，そのエネルギーを熱などに変えて放出したり，自身の分子構造を変えるために消費する．また，白い色をつけるための酸化チタン TiO_2 や酸化亜鉛 ZnO は，"紫外線散乱剤"としての役割もあり，これらの粒子は紫外線を反射もする．

図の成分表示には，「ステアリン酸」という名前のついた物質がいくつか含まれている．ステアリン酸は，炭素18個からなる飽和脂肪酸であり（7・2節），セッケンと同じような構造をもつ．このため，ステアリン酸を含む分子は，"界面活性剤"の役割を果たし，化粧品に含まれる水にだけ溶ける成分と油にだけ溶ける成分を，均一に混ぜあわせることができる．

乳液やクリームなどでは，水と油のうち一方が液体の微粒子となって，もう一方の液体中に散らばり，白濁している．このような状態を**乳化**という．乳化は，食品をつくるさいにも利用されている（8・2・6項）．

8・1・3 ヘアスタイル

髪の毛を染めたり，パーマをかけたり，ヘアスタイルによって相手に与える印象が違ってくる．

毛髪はケラチンというタンパク質からできており，構成するアミノ酸のうちシステインが十数パーセント含まれている．システインはメルカプト基（－SH）を含み（図7・6），そのため，毛髪を焦がしたときに硫黄の臭いがする．毛髪中では，メルカプト基はS-S結合を形成し，ペプチド鎖間を強固につないで，毛髪を丈夫にしている．

このS-S結合は，水素がかかわる<u>酸化還元反応</u>により，切断したりつないだりすることができる．"パーマ"は，この反応を利用している．図8・6に示したよう

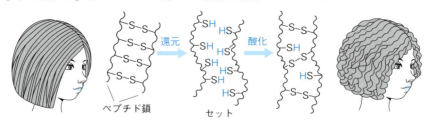

図8・6　パーマのしくみ

に，毛髪にウェーブをかけるには，まず一部のS-S結合を切断して水素を結合させ(還元)，-SH HS-のようにして髪型をセットする．そして，その状態のままで，今度は水素をはずして(酸化)，S-S結合を形成させ，セットした髪型が保たれるようにする．

還元反応によって水素原子を供給するさいには，チオグリコール酸アンモニウムなどが用いられる．

$$\{-S-S-\} + 2HSCH_2CO_2 \cdot NH_4 \longrightarrow \{-SH \ HS-\} + \begin{matrix} SCH_2CO_2 \cdot NH_4 \\ | \\ SCH_2CO_2 \cdot NH_4 \end{matrix}$$

チオグリコール酸アンモニウム

そして，酸化反応によって再びS-S結合を形成させるときには，臭素酸ナトリウム $NaBrO_3$ などが用いられる．

$$3\{-SH \ HS-\} + 2NaBrO_3 \longrightarrow 3\{-S-S-\} + 3H_2O + 2NaBr$$

髪の毛を染めるとき，色を長もちさせたい場合，酸化染毛剤が用いられる．この方法では，使用する直前にフェニレンジアミンと過酸化水素 H_2O_2 の2種類の液体を混ぜあわせる．このとき，つぎの反応が起こる．

フェニレンジアミン
無色

過酸化水素
無色

茶色

この反応では，上記の生成物以外にも，もっと多くのフェニレンジアミンが結合した大きな分子もできる．生成物には色がついており，このため髪の毛が染まる．過酸化水素には，髪の毛の黒い色のもとになるメラニンという色素を分解し，脱色する作用もある．

8・2 食べ物の化学

そろそろ食事の時間かな．ご飯とみそ汁，おかずは何だろう．冷蔵庫には，キュウリの漬け物，豚バラ肉のかたまりと生卵．食後はやっぱりアイスクリーム．

今日のおかずは何だろう？

8・2・1　ご飯を炊く

"米"の主成分は**デンプン**である（図7・1）．乾燥した状態では，デンプン分子どうしが密に詰まっているため，とても固い．このままでは食べられないので，米を水の中に入れて加熱する．すると，図8・7に示したようにデンプン分子がほぐれて，そのすきまに水分子が入るために，ふっくらと柔らかいご飯が炊きあがる．

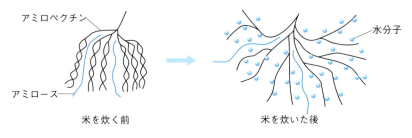

図8・7　ご飯が炊きあがるときのデンプン分子の変化

デンプンは，グルコースのつながり方によって，2種類に分けることができる．枝分かれがなく，1本の鎖状のものを**アミロース**，途中に枝分かれがあるものを**アミロペクチン**とよぶ．分子が枝分かれしていると，分子どうしがからみやすく，粘り気が生じる．日本の米のように粘り気が増えるのは，アミロペクチンが多く含まれ，タイ米のようにぱらぱらと仕上がるのは，アミロースが多いためである．餅（もち）米は，アミロペクチンだけを含む．

8・2・2　発酵食品

"味噌（みそ）"は，大豆と米を蒸して，麹（こうじ）菌を混ぜ，さらに食塩を加えてできた固形分（もろみ）を発酵させ，ゆっくりと熟成させてつくられる．この

ように，微生物の力をかりて，食品をつくりだすことを**発酵**という．

麹菌は，さまざまな酵素をもっている．アミラーゼという酵素によってデンプンをマルトースに，マルターゼという酵素によってマルトースをグルコースに分解する（図8・8）．また，プロテアーゼという酵素によって，タンパク質をアミノ酸に分解する（図8・9）．アミノ酸のうち，グルタミン酸（図7・6）は"うま味"の成分である*．これらの物質によって，みそに特有の甘味やうま味が生まれる．

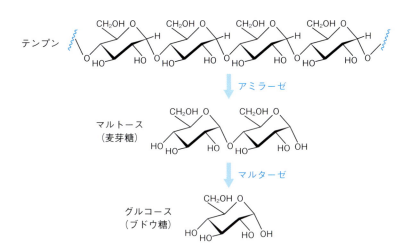

図8・8　麹菌はデンプンをグルコースに分解する

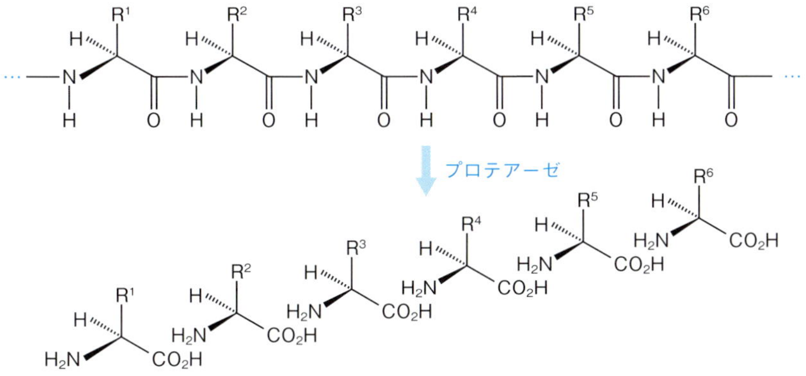

図8・9　麹菌はタンパク質をアミノ酸に分解する

---

*　グルタミン酸ナトリウムは，うま味調味料（化学調味料）として広く利用されている．

そのほか大豆を原料とする発酵食品に, 醬（しょう）油や納豆がある．"しょう油"は, 大豆と小麦を蒸して, 麹菌を混ぜ, さらに食塩水を加えてできた固形成分（もろみ）を発酵させ, ゆっくりと熟成させて, もろみを絞ってつくられる．"納豆"は, 大豆に納豆菌を加えてつくられ, プロテアーゼによって, タンパク質がアミノ酸に分解される. 納豆の粘り気の成分は, 多くのグルタミン酸が結合してできたムチンとよばれる高分子である.

発酵食品を表 8・1 にまとめた. 以下, 発酵に利用される化学反応に注目してみていこう.

グルコースなどの単糖類は, 酵母（こうぼ）菌によってエタノール CH_3CH_2OH と二酸化炭素 CO_2 になる. この反応を**アルコール発酵**という. アルコール発酵を利用して, "ビール", "日本酒", "ワイン"などがつくられる. また, "パン"をつくるときにも用いられ, 生じた二酸化炭素によって, 生地がふくらむ.

表 8・1 発酵食品

発酵食品	原材料	微生物	反　　応
日本酒	米	麹　菌 酵母菌	デンプン→グルコース グルコース→エタノール
ビール	麦芽	酵母菌	（デンプン→）麦芽糖→エタノール
ワイン	ブドウ	酵母菌	グルコース→エタノール
酢	米	酢酸菌	エタノール→酢酸
納　豆	大豆	納豆菌	タンパク質→アミノ酸 グルタミン酸→ムチン
しょう油	大豆, 小麦	麹　菌 乳酸菌 酵母菌	デンプン→グルコース, タンパク質→アミノ酸 グルコース→乳酸 グルコース→エタノール （もろみを絞る）
味　噌	大豆, 米	麹　菌	デンプン→グルコース, タンパク質→アミノ酸 （もろみを絞らない）
パン	小麦	酵母菌	グルコース→エタノール
ヨーグルト	乳	乳酸菌	グルコース→乳酸⇒カゼインが固まる （水分を除かない）
チーズ	乳	乳酸菌	グルコース→乳酸⇒カゼインが固まる （水分を除く）

$$C_6H_{12}O_6 \longrightarrow 2CH_3CH_2OH + 2CO_2$$

酢酸菌によって，お酒（エタノール）が酸化されて，"酢"の主成分である酢酸ができる．

乳酸菌によって，グルコースから乳酸が生じる．これが**乳酸発酵**である（図8・10）．

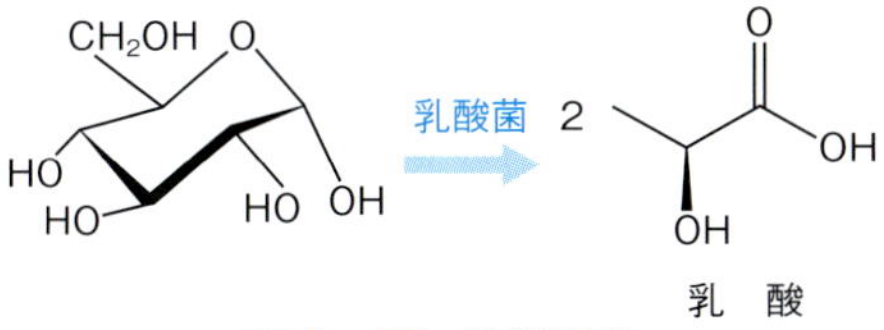

図8・10 乳酸発酵

"ヨーグルト"と"チーズ"は，ともに牛乳から乳酸菌の作用によってつくられる．乳酸菌はグルコースから乳酸を生成するが，乳酸は酸であり，水素イオンH^+を放出するため，pHが低下する．そのさい，牛乳中に大量に含まれるカゼインというタンパク質が"変性"して固まる（8・2・5項）．この液体が固まったものがヨーグルトであり，さらに絞って水分を除き固形分を取出すとチーズになる．

8・2・3 漬物：浸透圧

野菜を塩でもんだり，"塩漬け"にすると，かなりの水分が外に出ていき，縮んでしんなりとする．これは，**浸透圧**という力によって，全体として塩分の濃度を均一にしようとするために，塩分（NaCl）の濃度が低い野菜の内部から濃度が高い外部へ，水分が移動することによる（図8・11a）．

逆に，塩辛い漬物などを塩水に戻して"塩抜き"をすると，塩辛さが減って食べやすくなる．この場合，塩分の濃度を食品よりも低くする必要がある．このとき，水分は塩分の濃度の高い食品のほうへ移動する（図8・11b）．

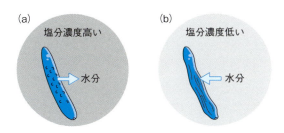

図8・11 キュウリの塩漬け(a)と塩抜き(b)

キュウリに限らず，生物は細胞からなり，細胞は**細胞膜**で囲まれている．細胞膜は，脂質分子が水になじみにくい部分を内側にして向かいあわせてできた"二分子膜"である．膜自体はあまり水分子を通さないが，水分子だけを通すタンパク質でできた孔があり，この孔を通じて水が出入りできる（図8・12）．

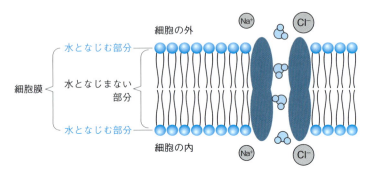

図8・12 細胞膜における水の輸送 タンパク質でできた孔を通じて水分子が出入りする

8・2・4 圧力鍋：圧力と温度

豚バラ肉のかたまりがあったので，豚の角煮をつくろう．普通の鍋なら1時間以上かかるところ，"圧力鍋"を使えば20分くらいですむ．

大気圧（1気圧）のもとでは，水の沸点は100℃である．ところが，体積一定の条件で，気体の圧力 P と温度 T のあいだには，

$$\frac{P}{T} = 一定^* \quad （体積一定の条件で）$$

の関係が成り立つ．よって，圧力が低くなると沸点は低くなり，圧力が高くなると沸点は高くなる．このため，大気圧の低い富士山頂では水の沸点が低くなり，ご飯をうまく炊くことができない．一方，密閉された圧力鍋の内部は大気圧よりも圧力が高くなり，水の沸点も高くなるので，より高温で煮込むことができる．

水が沸騰するのは，空気による圧力（大気圧）にうちかって，液体中の水分子が空気中に飛びだし，蒸発するためである．つまり水を沸騰させるには，加熱によりエネルギーを与えて，水分子の運動を激しくする必要がある．

気体の分子数は非常に少なく，同じ体積では液体の水の1000分の1程度になる．

---

* この式に用いる温度は，単位ケルビン（K）で表される絶対温度である．絶対温度と摂氏温度（℃）とは，273 K = 0℃の関係がある．

よって，圧力鍋の中にもともとあった空気の体積の1000分の1に相当する液体の水が蒸発するだけで，気体の分子数は2倍になり，その結果，圧力も2倍になる．このため，水分子が飛びだすためにはより大きなエネルギーが必要となり，圧力鍋では圧力が2倍であるときに水の沸点は120℃になる*（図8・13）．以上のことから，圧力鍋を使うと100℃よりも高温で加熱ができて，調理時間を短くできる．

図8・13　圧力鍋を使うとより高温で加熱できる

8・2・5　ゆで卵：タンパク質の変性

豚の角煮に，"ゆで卵"を添えよう．生卵をゆでると，硬くなって，透明だった卵白が白くなる（図8・14）．これは，熱によって，卵に含まれるタンパク質の形や性質が変わるためである．このような現象をタンパク質の**変性**という．

図8・14　**生卵とゆで卵**　変性前（左）と変性後（右）

タンパク質は折りたたまれて，特定の"立体構造"をとっている．その立体構造は，水素結合などによって保たれている．タンパク質を加熱すると，弱い水素結合がいったん切れて，タンパク質中の他の部分と，あるいは隣合ったタンパク質どうしで，再び水素結合を形成するため，立体構造が大きく変わり，もとに戻らなくな

---

* 圧力が上がりすぎた場合には，安全弁が開いて気体を逃がすようになっている．

る（図8・15）．これがタンパク質の"変性"であり，熱だけでなく，酸やアルカリ，撹拌などによってもおこる*．

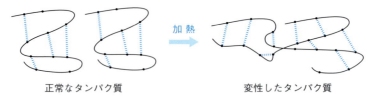

図8・15　タンパク質の変性　……は水素結合などを表す

8・2・6　アイスクリーム：乳化

化粧品と同様に，食品でも"乳化"（8・1・2項）が利用されている．食品に用いられる界面活性剤（乳化剤）の例を図8・16に示した．7・2節でふれた油脂の3つの脂肪酸のうち2つがはずれた構造をもつ．このため，ヒドロキシ基（−OH）が生じ，さらに水となじみやすくなっている．

図8・16　乳化剤の例

水分が多い場合には，セッケンと同じく，界面活性剤は油となじみやすい部分を内側に向けて油を取囲み，水となじみやすい部分を外側に向けて集合し，水の中に油が微粒子となって散らばる（図8・17a）．牛乳，アイスクリーム，マヨネーズなどがこのタイプである．

逆に，油分が多い場合には，水となじみやすい部分を内側に向けて水を取囲み，油となじみやすい部分を外側に向けて集合し，油の中に水が微粒子となって散らばる（図8・17b）．バター，マーガリンなどがこのタイプである．

＊　ヨーグルトは酸による変性である（8・2・2項）．また，ふわふわのメレンゲは，卵白を撹拌してつくられる．このとき，空気を含んで泡立った卵白のタンパク質が変性し，膜状に硬くなることで，泡が保たれる．

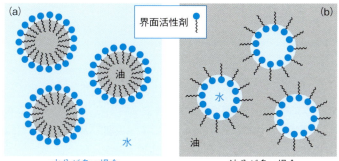

図 8・17 食品と乳化

電子レンジ

"電子レンジ"は，食品を加熱するための便利な調理機器である．電子レンジの中では，**マイクロ波**という電磁波が発生する．マイクロ波は可視光よりもずっと長い 0.1 mm から 1 m 程度の波長をもつ電磁波である（6・1・1項）．電子レンジでは，波長 12 cm のマイクロ波が用いられる．マイクロ波によって，1秒間に 2.5×10^9 回という速さで，正と負が入れ替わる電場がご飯にかけられる．

水分子は折れ曲がった構造をしており，水素原子が少し正電荷を，酸素原子が少し負電荷を帯びている．そのため，図に示したように電場の正の方向に酸素が向いた水分子の数が多くなる．しかし，瞬時に電場の向きが反対になるので，今度は逆の方向に向きを変える．この操作を繰返すと水分子の集団の運動が活発になり，その結果，温度が上がる．このようにして，電子レンジでは水分を含む食品が加熱される．

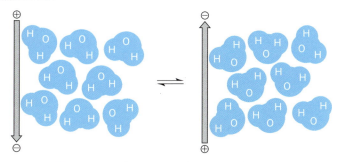

図 マイクロ波によって水分子の向きが逆転する

8・3　食べるための化学

からだに入った食べ物はどのような運命をたどり，どのような役割を果たすか見ていこう．

8・3・1　なぜ，食べるのか

私たちは生きていくうえで不可欠な物質を食べ物からとる．このような物質を**栄養素**という．糖質，タンパク質，脂質を"三大栄養素"とよび，それにビタミン，ミネラル（無機質）が加わる．

栄養素のおもな役割のひとつは，からだをつくることである．体内に入った栄養素は，いったん小さな分子に分解されたあとで，からだに必要な物質として再び合成される．特に，からだを構成する成分としてタンパク質が重要である．

もうひとつのおもな役割は，生命活動に必要なエネルギーを生産することである．食べ物に蓄えられたエネルギーを，化学反応によって，よりエネルギーの低い物質に変化させ，その差のエネルギーを利用する．特に，糖質は主となるエネルギー源であり，脂質もエネルギーを貯蔵する役割をもつ．

8・3・2　食べ物を消化してからだとエネルギーをつくる

食べ物は，いくつかの消化器官を通るあいだに，消化液に含まれる酵素によって分解され，小さな分子となって吸収される．この過程を**消化**という．表8・2は，ヒトの消化についてまとめたものである．

表8・2　ヒトの消化

器官	消化液	消化酵素	分解される物質
	唾液	アミラーゼ	デンプン
	胃液	ペプシン	タンパク質
	膵液	アミラーゼ トリプシン ペプチダーゼ リパーゼ	デンプン タンパク質 タンパク質 脂質
	腸液	マルターゼ インベルターゼ ラクターゼ ペプチダーゼ	マルトース スクロース ラクトース タンパク質

食べ物として取込まれたタンパク質は，胃液に含まれるペプシンや，膵液や腸液に含まれるトリプシン，ペプチダーゼといった酵素によってアミノ酸に分解され，小腸から吸収される．吸収されたアミノ酸は，DNAに書かれた情報に基づいて（7・5・2項），ヒトのためのタンパク質として再び合成される（図8・18）．

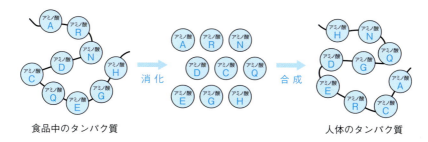

図8・18　タンパク質の消化と再合成

食べ物に含まれる糖質のうち，デンプンは唾液や膵液に含まれるアミラーゼという酵素により，マルトースに分解される．さらに，マルトースは小腸でマルターゼという酵素によってグルコースに分解され，吸収される（図8・8）．

吸収されたグルコースは，少しずつ小さな分子に変化していくが，最終的には，肺に取込まれた酸素 O_2 と反応し，二酸化炭素 CO_2 と水 H_2O になる（図8・19）．この酸化反応で得られるエネルギーが，生命活動を維持するために用いられる．

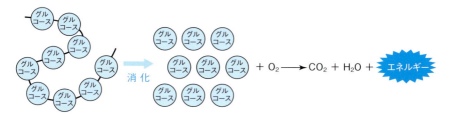

図8・19　グルコースの消化とエネルギー生産

油脂（トリアシルグリセロール）は，膵液に含まれるリパーゼという酵素によって分解され，脂肪酸とグリセロールになり，小腸から吸収される．吸収された脂肪酸とグリセロールは，再びトリアシルグリセロールとなり，脂肪細胞という細胞に蓄えられる．トリアシルグリセロールには，エネルギーを貯蔵する役割がある．

8・3・3 食べ物のエネルギー

食事のときに,"カロリー"が気になる.食後のアイスクリームはどうしようかな.カップには「エネルギー○○ kcal（キロカロリー）」などと表示されている.食品におけるエネルギーは,食品中に含まれる糖質（炭水化物），脂質,タンパク質を完全に燃焼させたときに生じる熱量で表される.カロリーとは,熱量の単位である.

私たちにとって主となるエネルギー源は,ご飯やパンなどに含まれるデンプンが分解されてできた糖質のグルコースである.ここでは,グルコースからどのくらいのエネルギーが生産されるか見てみよう.グルコースの酸化反応（燃焼）

$$C_6H_{12}O_6 + 6O_2 \longrightarrow 6CO_2 + 6H_2O \quad (8\cdot1)$$

によって発生するエネルギーは 2805 kJ mol^{-1} である.つまり,1モルのグルコースには,2805 kJ のエネルギーが蓄えられている.

グルコース1モルの質量は,

$6 \times 12 \text{ g mol}^{-1}$ (C) $+ 12 \times 1 \text{ g mol}^{-1}$ (H) $+ 6 \times 16 \text{ g mol}^{-1}$ (O) $= 180 \text{ g mol}^{-1}$

であるから,グルコース1gあたり発生するエネルギーは,

$$\frac{2805 \text{ kJ mol}^{-1}}{180 \text{ g mol}^{-1}} = 15.6 \text{ kJ g}^{-1}$$

であり,4.18 kJ = 1 kcal の関係を用いて換算すると,

$$\frac{15.6 \text{ kJ g}^{-1}}{4.18 \text{ kJ kcal}^{-1}} = 3.73 \text{ kcal g}^{-1}$$

となる.よって,グルコース1gあたり発生する熱量は 3.73 kcal となる.

一方,"脂質"もエネルギーを貯蔵する物質である.ステアリン酸（図7・5）の酸化反応（燃焼）は,

$$C_{18}H_{36}O_2 + 26O_2 \longrightarrow 18CO_2 + 18H_2O \quad (8\cdot2)$$

であり,11,300 kJ mol^{-1} のエネルギーを発生する.同様にして,ステアリン酸1gあたり発生する熱量を求めると,9.52 kcal になる.

したがって,脂質（ステアリン酸）のほうが糖質（グルコース）よりも,同じ質

量あたりでは，9.5 / 3.7 = 2.6 倍ほど大きいエネルギーを蓄えていることになる．

100 g の脂質と 100 g の糖質を食べたときの体重の増加は，どちらも 100 g である．ただし，上記の結果から，同じ質量だけ減らすには，脂質を食べたときのほうが，より多くのエネルギーを消費しなければならないことがわかる．

8・3・4　エネルギーと体重

つぎに，ヒトが 1 日にどれくらいのエネルギーを消費し，体重が減るか，ざっと見積もってみよう．

私たちは 1 日に，おおよそ 600 L の二酸化炭素を排出している．25 L の気体は約 1 mol の分子を含むので，600 L / 25 L，すなわち 24 mol の二酸化炭素を排出していることになる．この二酸化炭素が，グルコースを分解して生成したとしよう．式 (8・1) からわかるように，二酸化炭素 24 mol が排出されると，その 1/6 となる 4 mol のグルコースが使われる．したがって，グルコース 4 mol の質量である

$$180 \text{ g mol}^{-1} \times 4 \text{ mol} = 720 \text{ g}$$

だけ，体重が減少することになる．ちなみに，4 mol のグルコースの燃焼によって，

$$2805 \text{ kJ mol}^{-1} \times 4 \text{ mol} = 11{,}220 \text{ kJ} = 2684 \text{ kcal}$$

のエネルギーを消費したことになる．この値は，おおよそ 1 日分の"カロリー消費量"に相当する．

8・3・5　食品添加物

食品をつくったり，加工したり，保存したりするときに，甘味料，着色料，保存料，酸化防止剤，調味料などが加えられる．これらをまとめて**食品添加物**という*．食品添加物は用途によって分類され，さまざまな物質が用いられている．豊かで，安心できる食生活をおくるためにも，これら食品添加物について知っておくことは大切である．表 8・3 には，いくつかの例を示した．

原材料名：パン，ハム，レタス，トマト，チーズ，ドレッシング，乳化剤，調味料（アミノ酸），酸化防止剤（ビタミンC），保存料（ソルビン酸），……

＊　食品添加物は，安全性と有効性について科学的な評価を受けて，使用が認められる．

表 8・3 食品添加物の例

種類	例
人工甘味料	アスパルテーム（アスパラギン酸 + フェニルアラニン）、スクラロース
酸化防止剤	ビタミン C、ビタミン E
保存料	ソルビン酸、安息香酸ナトリウム

"甘味料"としては，天然のものよりはるかに甘いアスパルテームやスクラロースなどがある．アスパルテームは，アスパラギン酸とフェニルアラニンというアミノ酸が結合した分子である．アスパルテームは砂糖の 100 から 200 分の 1，スクラロースは 600 分の 1 の量で，砂糖と同じ甘みが感じられる．そのぶん使用する量が少なくてすむため，ダイエットを売りにする飲料などに使われている．

これらの人工甘味料を用いた食品には，しばしば「カロリーゼロ」や「糖質オフ」などと表示されている．ただし，"ゼロ"や"オフ"だからといって，カロリーや糖質がまったくないというわけではなく，ある基準値以下だとそう称してよいことになっている．

"酸化防止剤"としては，ビタミン C やビタミン E などが用いられる．これらの分子は酸素と反応しやすいため，自身が酸化されることで，食品の他の成分が酸化されることを防ぐ．

"保存料"としては，抗菌作用があるソルビン酸や安息香酸ナトリウムなどがある．

"着色料"としては，石炭タールを原料として人工的につくられた色素のほかに，天然物質を起源とする β-カロテン（図 6・7）や銅クロロフィル（図 6・6 に示したクロロフィルの鉄を銅で置き換えたもの）などがある．

"調味料"としては，グルタミン酸ナトリウムなどのアミノ酸などがある．

そのほか，豆腐を固めるための"にがり"として，塩化マグネシウム $MgCl_2$ が

用いられる．$MgCl_2$ は水中では2価の陽イオンである Mg^{2+} と Cl^- に分離する．このうち，図8・20に示したように，Mg^{2+} が豆腐のタンパク質の負電荷をもつ部分をつなぎとめる役割をして，タンパク質が凝固し，豆腐となる．

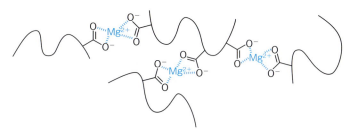

図8・20　"にがり"がタンパク質を結びつける

8・4　健康を維持するための化学

からだの中では，さまざまな化学反応が進行しているが，これらがうまくつりあうことで，生命は維持される．このようなはたらきが失われると，不必要な物質が過剰に生成したり，逆に必要な物質が不足したりして，"病気"になる．ここでは，私たちの健康が，体内において，どのように維持されるのか見てみよう．

8・4・1　体内でのpHの調整

体内で"水素イオン濃度"（3・5・4項）を一定に保つことは非常に重要である．たとえば，血液のpHは一定に保たれている．血液中には，呼吸によって生じた二酸化炭素が溶けていて，以下に示したように，二酸化炭素はpHの違いによって，いくつかの形をとる．

$$CO_2 + H_2O \rightleftharpoons H_2CO_3 \rightleftharpoons H^+ + HCO_3^- \rightleftharpoons 2H^+ + CO_3^{2-}$$

酸性 ⇐ pH 6.4　　　　pH 10.3 ⇒ 塩基性

上式の両矢印 ⇌ は，反応がどちらの向きにも進むことを示しており，ある成分を取除くと，その成分が増える方向に反応が進み，逆に，ある成分を加えると，その成分が減る方向に反応が進む．

血液のpHは7.4前後であるので，二酸化炭素は主として炭酸水素イオン HCO_3^- の形で存在する．何らかの原因で水素イオン H^+ が増加すると，左向きに反応が進んで H^+ を受取って炭酸 H_2CO_3 が増加し，H^+ が減少する．逆に，H^+ が減少すると，

右向きに反応が進んで H^+ が放出されて炭酸イオン CO_3^{2-} となり，H^+ が増加する．このように水素イオン濃度の変化を調整するしくみを**緩衝作用**という．このしくみによって，血液中の水素イオン濃度，すなわち，pH は一定に保たれている．

先に見たように血液中の水素イオンが増加すると，血液中の H_2CO_3 が増加し，さらに酵素の作用によって H_2O と CO_2 に分解される．このため，血液中で増加した CO_2 は肺から体外に排出される必要があり，呼吸が活発になる．

8・4・2 ホルモン

体内の各器官のはたらきをうまく調節するために，**ホルモン**という物質が利用される．ホルモンは，おもに内分泌器官でつくられ，血液中に放出され，全身にいきわたり，標的となる細胞にはたらく[*]．

図 8・21 に，代表的なホルモンとそれを放出する内分泌器官を示した．

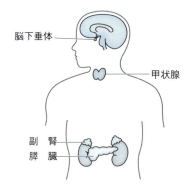

内分泌器官	ホルモン
脳下垂体	成長ホルモン[*]，バソプレシン[*]
甲状腺	チロキシン
副腎	アドレナリン
膵臓	インスリン[*]，グルカゴン[*]

図 8・21　**内分泌器官とホルモン**　＊のついたホルモンはペプチドからなる

脳下垂体から放出される成長ホルモンは，体の各部分の成長を促進するようにはたらきかける．バソプレシンは，腎臓での水の再吸収を促し，尿の排出をおさえる．

甲状腺から放出されるチロキシンは，体温を上昇させる必要があるときなど，細胞内の化学反応を促進し，基礎代謝を亢進させる．

膵臓から放出されるインスリンは，血糖値を減らすように作用するが，同様に膵

---

[*]　ホルモンは内分泌器官だけでなく，心臓，胃や腸，神経細胞などでもつくられ，ホルモンをつくる細胞の近くにある細胞や，ホルモンをつくる細胞自身にも作用することがわかってきた．

臓から放出されるグルカゴンは，血糖値を増やすように作用する．この2つのホルモンが血糖値を調節している．副腎から放出されるアドレナリンは興奮したり緊張したりすると分泌され，血糖値を増やしたり，心拍数を増加させる．

図8・22に，チロキシンとアドレナリンの分子構造を示した．図8・21であげたホルモンのうちチロキシンとアドレナリン以外は，アミノ酸が数個から数10個ペプチド結合でつながった比較的大きな分子である．

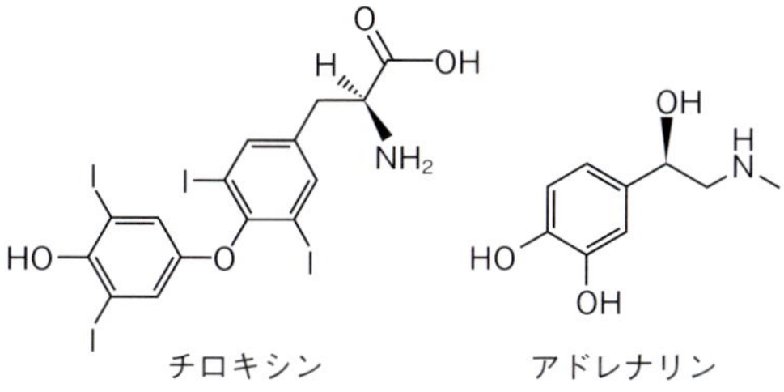

図8・22　チロキシンとアドレナリン

8・4・3　医薬品の化学

医薬品は，病気の治療や予防などに用いられ，医師により処方されたり，薬局などで販売されている．

古くから，ある種の植物や動物が，病気に効くことが知られていた．1万年以上前の縄文時代の遺跡からも，薬として使ったとみられる植物が発見されている．また，古代ギリシャなどにおいて，柳の樹皮が痛みを和らげるために使われていた．のちに，その有効成分は，"サリチル酸"という分子であることが明らかとなった．

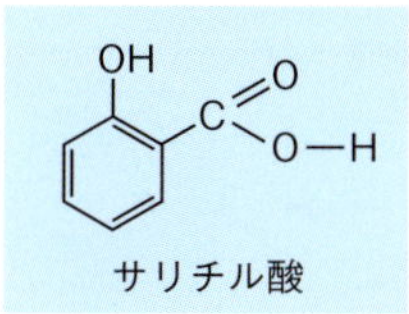

ところが，サリチル酸を単独で服用すると，胃を痛めるという副作用があった．これを軽減するために，ヒドロキシ基（-OH）の部分にアセチル基（CH_3CO-）を導入した"アセチルサリチル酸"という薬が開発された．

この解熱鎮痛薬は1899年に「アスピリン」という商標名で販売され，現在でも

広く用いられている．アスピリンとあわせて，そのほかよく用いられる解熱鎮痛剤の構造を図8・23に示した．

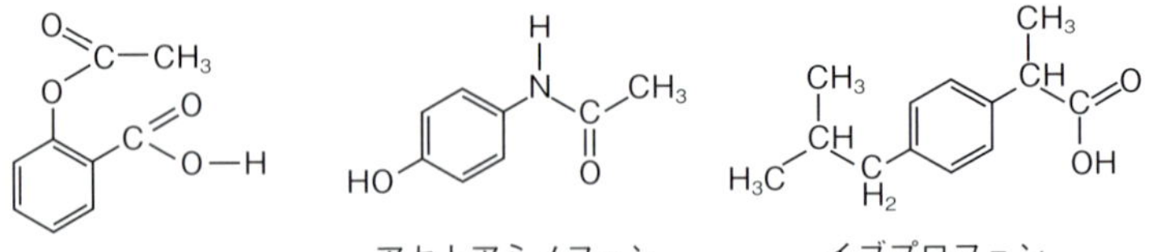

アセチルサリチル酸
（アスピリン）　　　アセトアミノフェン　　　イブプロフェン

図8・23　解熱鎮痛剤

体内で何らかの炎症がおこったとき，下記のような"プロスタグランジン"

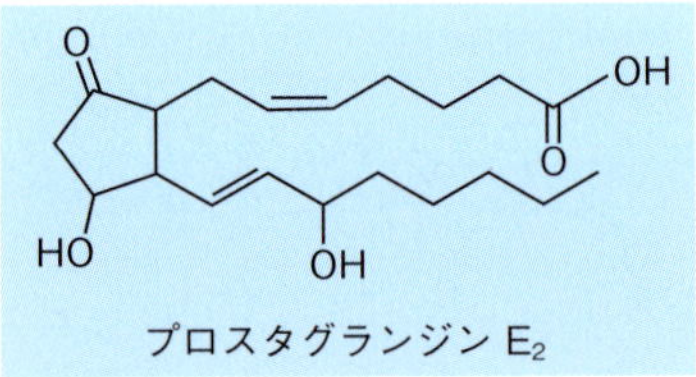

プロスタグランジン E_2

という物質が生成され，この物質が痛みや発熱をひきおこす．アセチルサリチル酸は，プロスタグランジンを生産する酵素にぴったりとはまり込んで，プロスタグランジンの生産を妨げる（図8・24）．

微生物が生産して，病原体となる細菌を死滅させたり繁殖を抑える物質を**抗生物**

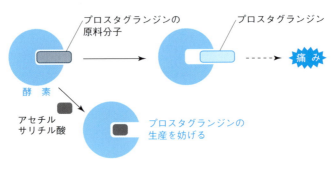

図8・24　アセチルサリチル酸が痛みを抑えるしくみ

8・4 健康を維持するための化学

質という*. 細菌が原因である病気の治療に絶大な効果を発揮する抗生物質は, どのように発見されたのだろうか.

1928年, イギリスの微生物学者フレミングが細菌を培養していたときに, 培養皿に青カビが繁殖してしまった. 青カビが繁殖したところの周囲では細菌が繁殖しないことに気がついて, その原因を探った結果, 青カビから分泌されるある物質に細菌を死滅させる作用があることを発見し, その物質を青カビ (ペニシリウム) にちなんで"**ペニシリン**"と名づけた (図8・25).

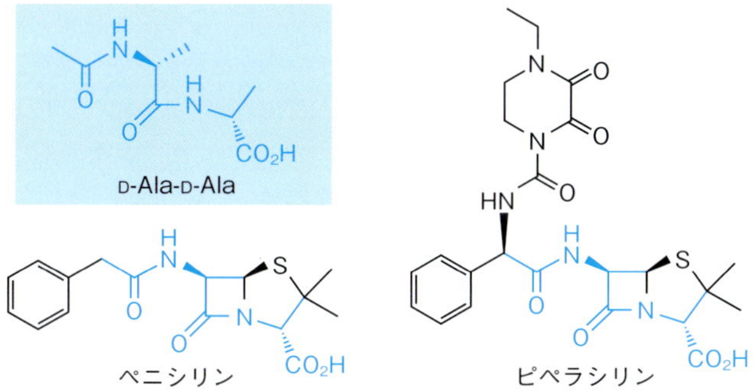

図8・25 抗生物質 ペニシリン系抗生物質は細菌の細胞壁をつくるときの材料 (D-Ala-D-Ala) と似た構造をもつ

現在, さまざまな種類の抗生物質があるが, ペニシリンと共通の構造をもつ"ピペラシリン"などの抗生物質も開発されている. このようなペニシリン系抗生物質の分子は, 図8・25中の青色で示したように, 細菌が細胞壁をつくるときに必要な分子である D-Ala-D-Ala (D-アラニンが2分子結合) に似た形をしている. そのため, 細菌がペニシリン系抗生物質を間違えて取込むことによって, 細胞壁がつくれなくなり, 死滅する. ヒトの細胞には細胞壁がないので, これらの薬は作用しない.

抗生物質を使用していると, その抗生物質に"耐性"をもつ細菌が現れることがわかっている. その対策として, 新しい抗生物質が開発されるが, 繰返し使用されることで, 再び耐性をもつ細菌が現れる. このようないたちごっこは, 現代の医療において重要な問題となっている.

---

* 現在では, 天然由来の化合物をもとにして開発されたものや, 人工的に合成されたものを含めて, 抗生物質とよばれている.

花粉症とアレルギー

春が近づいてくると、目がかゆくなって鼻水がとまらなくなる。いまや日本人の4人に1人が"花粉症"であるといわれている。花粉症は、花粉が原因物質となって、アレルギー症状をおこす病気である。

ヒトには、外部からの病原菌や異物の侵入から自己を守るための**免疫**というしくみが備わっている。免疫を担当する細胞は"白血球"であり、マクロファージ、好中球、リンパ球などがある。病原菌や異物などのタンパク質が侵入すると、マクロファージや好中球がそれらを取込んで、"食べる"。同時に、外敵侵入！という情報がリンパ球の一種であるB細胞に伝えられる。すると、B細胞は病原菌や異物などのタンパク質（**抗原**という）と結合する**抗体**とよばれるタンパク質をつくりだす。抗体は先端部分がY字の形になっており、その部分に抗原を結合することができる。抗原には抗体が結合する箇所が複数あるので、抗原と抗体が出会うと、図に示したような網目状のかたまりができる。抗体は、このようにして抗原を捕まえて、体から排除しようとする。

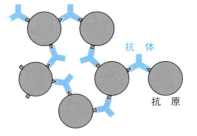

図　抗体による免疫のしくみ
抗体が抗原を捕まえる

ところが、免疫というしくみが過剰にはたらくと、さまざまなアレルギー症状が現れる。花粉という異物（抗原）が侵入すると、目や鼻の粘膜にある細胞の抗体と結合する。このとき、細胞からヒスタミンなどの物質が放出され、知覚神経を刺激して、涙や鼻水を分泌したり、くしゃみやかゆみをひきおこす。

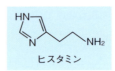

ヒスタミン

問　題

8・1　油脂1分子から何分子のセッケンができるか．

8・2　セルラーゼによってセルロースが分解してできる単糖は何か．

8・3　パーマは，「1剤」を塗布して，ロッドを巻いてしばらく加温し，いったん水洗いしてから「2剤」を塗布し，ロッドをはずして完了する．「1剤」，「2剤」はそれぞれ還元剤か，酸化剤か．

8・4　牛乳にレモン汁を加えると，牛乳が固まるが，これはなぜか．

8・5　食品の原材料名表示を見て，どのような食品添加物が使われているか調べてみよう．

9 環境とエネルギーの化学

　地球は，太陽という恒星をまわる太陽系の中の惑星のひとつである．この小さな星にさまざまな生き物が住んでいる．地球はこれらにとって，かけがいのない環境となっている．ところが，人類は快適で便利な生活をめざすあまり，環境破壊やエネルギーの浪費など，さまざまな問題をかかえることになった．
　ここでは，地球という環境，そして物質および生命とのかかわり，地球環境をめぐる問題，持続可能なエネルギーの利用などについて，化学の目を通じて見てみよう．

9・1 地球という環境

　地球は，半径が 6400 km ほどの球体である．その表面の 7 割が "海洋" で，3 割が "陸地" である．海洋の底や陸地の表層は，"地殻" とよばれる固体からなる．そして，海洋や陸地は "大気" でおおわれている（図 9・1）．
　地殻は，主として岩石からなり，ケイ素 Si と酸素 O からなるケイ酸塩（4・3 節）がもっとも多く，それ以外にさまざまな金属の酸化物が含まれる．生物が活動している陸上は，ケイ酸塩と生物の遺がいや排出物に由来する有機物質が混ざって，長い年月をかけてつくられた**土**（**土壌**）でおおわれている．
　海洋は，水 H_2O が主成分であり，そこにさまざまな無機塩類（塩分）が溶け込んでいる．海水には質量濃度で約 3.5 %（水 1 kg あたり約 35 g）の塩分が溶け込んでいるが，塩化ナトリウム NaCl がその 8 割（質量濃度で約 3.0 %）を占める．
　大気は，地表付近から高度 80 km くらいまでは，水蒸気を除くと，その組成は

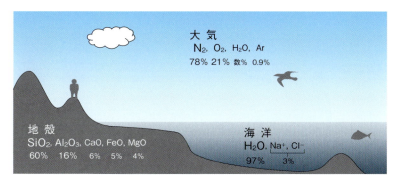

図9・1 **地球の表面** 地殻，海洋，大気

一定であり，窒素 N_2 が78％，酸素 O_2 が21％を占める*．水蒸気の割合は，時間と場所によって大きく変化する．大気中に存在できる水蒸気の割合は最大で4％ほどである．そのほかに，アルゴン Ar（0.9％）や二酸化炭素 CO_2（0.04％）なども含まれる．さらにごくわずかであるが，オゾン O_3 も存在し，特に上空20 km から30 km の範囲に多く，**オゾン層**を形成している．

現在，人為的な活動の結果，大気中の CO_2 が増加し，O_3 が減少するという問題が生じている（9・3節）．

これらの環境の中で，生物は地表から10 km 圏内に存在している．これは地球の半径の600分の1ほどの厚さであり，生物が活動できるのは，この薄い皮のような部分に限られている．

9・2 物質の循環：炭素

地球上で，物質はさまざまな形で循環している．

指先の爪の炭素原子は，どこからきたのだろう．肉か野菜かはわからないが，おそらく食べ物からきている．肉であれば，もとはその動物が食べた植物などにいきつく．そして，植物は光合成のさいに炭素原子を空気中から二酸化炭素として取込む．この二酸化炭素は，もしかしたらゴミとして焼却炉で焼かれた，あなたの爪からきたかもしれない．

"炭素"は生物と環境をつなぐ大切な物質である．ここでは，炭素の循環について，図9・2にそって見ていこう．

---

* この数値は体積比で表したものであり，分子数の割合に相当する．質量比で表した場合とは数値が異なる．

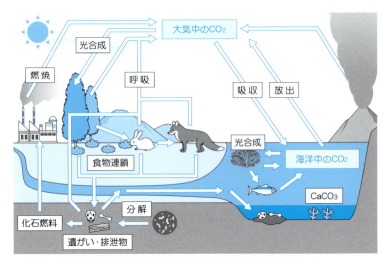

図 9・2　地球上における炭素の循環

　地球の表層にある炭素のうち，常に循環しているのは，ごくわずかな量ではあるが，おおよそ以下のようになる．

　① 植物は**光合成**によって*，大気中の二酸化炭素 CO_2 を取入れ，太陽からの光エネルギーを利用して，グルコース $C_6H_{12}O_6$ をつくり，デンプンとして蓄える．

$$6CO_2 + 6H_2O \longrightarrow C_6H_{12}O_6 + 6O_2 \qquad (9・1)$$

これは，グルコースの燃焼（8・3・3項の式(8・1)）とちょうど逆の反応である．

　② 動物は，植物や植物を食べた動物を体内に取入れて，デンプンなどの有機物質を分解し，生命活動に必要な物質やエネルギーをつくっている．このように，"食べる・食べられる"という関係を通じて，物質やエネルギーが移動する．これを**食物連鎖**という．

　③ 植物も動物も**呼吸**によって，大気中に CO_2 を放出する．この CO_2 は光合成のために，再び植物に取込まれる．

　④ 植物や動物の遺がいや排泄物は，土壌中の微生物によって分解され，CO_2 となって大気中に放出される．あるいは，土壌中に有機物質として蓄えられ，その一部は河川を通じて海洋へ放出される．"化石燃料"は，これらの有機物質が長い年月をかけて変化して生成したものである（9・4・1項）．

---

　*　光合成は，葉に含まれるクロロフィル（図6・6）という色素が太陽光を吸収して行われる．

海洋でも同様の循環がおこっており，植物プランクトン（藻類）が陸上の植物の役割を果たしている．

⑤ 海洋では大気とのあいだで，以下のような形で CO_2 の交換が行われている．海洋での吸収が多くなると，海水が酸性化する．

$$CO_2 + H_2O \rightleftharpoons H^+ + HCO_3^- \qquad (9\cdot2)$$

また，炭酸カルシウム $CaCO_3$ として，海底の堆積物やサンゴなどに蓄えられている．

⑥ 火山活動や，化石燃料の燃焼，土地利用による変化（森林破壊）などの人為的な活動によっても，CO_2 が大気中に放出される．人為的に放出される CO_2 の量は[*1]，大気中にある CO_2 の約 1 ％程度といわれている．しかし，このわずかな量の放出が，地球の環境に大きな影響を与えると考えられている（9・3・1項）．

9・3　地球環境問題の化学

人類は豊かで便利な生活を追い求めて，物質やエネルギーを大量に生産し，そして消費してきた．これにより，自然とのバランスが崩れて，地球上の生物にさまざまな影響が及んでいる．ここでは，化学の目を通じて，地球規模での環境問題について見てみよう．

9・3・1　地球温暖化

世界の平均気温が上昇しており[*2]，**地球温暖化**がおこっているといわれている．このまま温暖化が進行すると，気候の変化による感染症の増加や食糧不足，巨大台風，集中豪雨などの異常気象の多発，海面の上昇，海洋の酸性化（式(9・2)）など，さまざまな影響が懸念される．

温暖化の要因として，大気中における"温室効果ガス"の増加があげられる．二酸化炭素 CO_2 は温室効果ガスのひとつであり，温暖化にもっとも大きく寄与する．

大気中の CO_2 濃度は，数十万年にわたって 200 ppm（0.02 ％）から 300 ppm（0.03 ％）のあいだでゆっくりと推移していたが，産業革命後（18 世紀半ば）から上昇をは

[*1] 2000 年代では，年間 89 億トンの炭素が CO_2 として大気中に人為的に放出され，このうち，陸上での光合成により 26 億トン，海洋において 23 億トンが吸収され，残りの 40 億トンが毎年，大気中にとどまると報告されている．

[*2] 世界の地上平均気温は 1880 〜 2012 年にかけて 0.85 ℃上昇しており，最近 30 年の各 10 年間における世界の地上平均気温は，1850 年以降のどの 10 年間よりも高いと報告されている．

じめ、ここ100年ほどで急激に増加し、現在では400 ppm（0.04 %）に至っている。この急激な増加は、人為的な活動によるとされる。

太陽から地球へ放射されるエネルギーは、年間5.5×10^{24} Jほどである。そのうち、地表に届くのは約5割であり[*1]、地表を暖め、水を蒸発させて雨を降らせ、大気や海洋の循環をもたらし、最後には赤外線（熱）として地表から放射される。図9・3に示すように、上空に向かった赤外線は、大気によって吸収されたり再び地表に放出されるため、気温が上昇する。このことを**温室効果**という。この温室効果がなければ、地表から放射された赤外線は宇宙に出ていき、地球の気温はかなり低くなる。

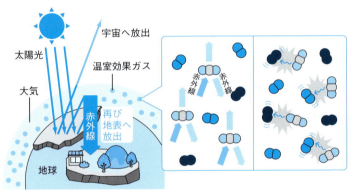

図9・3　温室効果　二酸化炭素などの温室効果ガスは地表から放射された赤外線を吸収し、再び地上に放出する。あるいはまわりの分子と衝突して、これらの分子の運動が活発になる

これまでも見てきたように、分子はその種類によって、特定の電磁波を吸収する。大気を構成する成分のうち、二酸化炭素、水、オゾンは赤外線を吸収する[*2]。一方、窒素と酸素は、赤外線を吸収しない。

図9・3に示したように、大気中のCO_2分子が赤外線を吸収すると、エネルギーが高くなり不安定な状態となる。そのため、CO_2分子は再びエネルギーを赤外線と

[*1] 残りは大気や雲によって、反射されて宇宙に戻っていったり吸収されたりする。
[*2] 詳しくはふれないが、分子が電磁波である赤外線を吸収するには、分子と赤外線のあいだに電気的な相互作用を生じる必要がある。分子は振動しており、その振動によって電荷に偏りをもつとき相互作用が生じ、このさい振動のエネルギーとちょうど等しいエネルギーを赤外線として吸収する。直線形で左右対称であるCO_2分子のどのような振動によって電荷に偏りが生じるのか調べてみよう。

して放出する．一方，CO_2 分子のエネルギーが増加して運動が活発になると，まわりの N_2 分子や O_2 分子と衝突を繰返して，エネルギーが受けわたされ，これらの分子の運動が活発になる．

以上の2つの要因によって，大気中の CO_2 が増えると，温室効果が強まって，大気の温度がさらに上昇すると考えられる．

そのほか，温室効果ガスとして，メタン[*1]やフロン（9・3・2項），水蒸気などがある．メタンやフロンは赤外線をよく吸収し，温暖化をひきおこす能力が高い[*2]．そのため，排出量が少なくても，温暖化への寄与が大きくなる．また，大気中により多く存在する水蒸気は，赤外線をよく吸収するが，雲になると地球に入ってくる太陽光を反射するので，その影響は複雑である．

9・3・2 オゾン層の破壊

オゾン層（9・1節）は，太陽からくる有害な紫外線を吸収し，地球上の生物を保護している．近年，上空のオゾンが減少し，南極上空ではオゾンが極端に少ない領域が観測されている．オゾン層に穴があいた状態であることから，"オゾンホール"とよばれている．

オゾン層の減少は，フロンなどの物質が原因となっている．**フロン**は，塩素，フッ素，炭素からなる化合物（クロロフルオロカーボン）の総称である．フロンは人工的につくられた物質であり，代表的なものとして $CFCl_3$, CF_2Cl_2, $C_2F_3Cl_3$ などがある．これらは，冷蔵庫やエアコンの冷媒，電子部品の洗浄剤として広く用いられていた．

フロンは，通常の状態では安定な化合物である．ところが，図9・4に示すように，大気上空に到達したフロンは，紫外線を吸収すると，分子中の結合が切れて，塩素原子 Cl を分離する．塩素原子は不安定であるため，オゾン O_3 と反応して，酸素分子 O_2 と一酸化塩素 ClO を生じる．この ClO も不安定な分子であり，分解して Cl 原子を生じる．そして，さらに Cl 原子が O_3 を分解するというように，反応が連続的におこって，1つのフロン分子によって多数のオゾン分子が分解される．つ

[*1] メタンは沼地や水田，ウシなどの消化器官にいる細菌によってつくられ，大気中に放出される．

[*2] 二酸化炭素を1として，同じ質量の気体がどれだけ温暖化させる能力があるかを数値で表したのが，"地球温暖化係数"である．メタン CH_4 は25，フロンは数百から数万である（評価期間の長さを100年とした場合）．ただし，CO_2 は他の物質に比べて，大気中への排出量がかなり多いので，温暖化への寄与は，CO_2 が60 %，CH_4 が20 %，フロンが14 %と見積もられている．

まり，塩素原子が"触媒"となって，オゾンの分解が促進される．

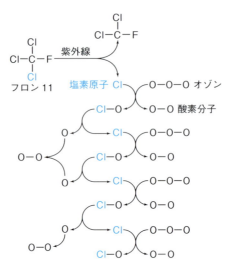

図 9・4 フロンによるオゾン分解の反応

　上空のオゾン濃度が低くなると，そのぶん紫外線の吸収される量は減るので，生物にとって有害な紫外線（特に波長が 300 nm 前後のもの）がより多く地上に到達する．現在では，フロンを別の物質で代替するとともに*，使用中のフロンが大気中に放出されないよう，エアコンなどのリサイクルのさいにフロンの回収が行われている．

9・4　エネルギーと資源の化学

　私たちの社会や毎日の生活を支えるためにエネルギーは欠かすことができない．人類はさまざまな形でエネルギーをつくりだし，利用してきた．しかし，地球に存在するエネルギー資源は有限であり，安定な供給を確保し，持続可能な社会を形成するには，さまざまな課題が残っている．

---

　*　代替フロンには，塩素を含まないハイドロフルオロカーボンという物質が用いられているが，これらは二酸化炭素よりも強力な温室効果ガスである．このため，現在では排出が抑制され，より環境にやさしい，プロパンやイソブタンなどの炭化水素，アンモニア，水，二酸化炭素などを使用した"ノンフロン"製品の開発が進められている．

浮遊粒子状物質

最近よくニュースなどでPM$_{2.5}$について取上げられる．PMはparticular matter，つまり粒子状物質を意味し，大きさが2.5 μm以下の微粒子のことをいう（図）．このような微粒子は，毛細血管を通じて肺の奥まで到達して人体に悪い影響を与えるおそれがあり，PM$_{2.5}$の環境基準が定められている．

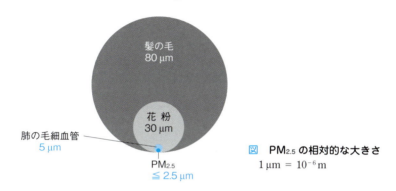

図　PM$_{2.5}$の相対的な大きさ
1 μm = 10^{-6} m

PM$_{2.5}$の発生源は，さまざまである．ボイラーや焼却炉などから発生する煤煙や，自動車や航空機などの排気ガス，タバコの煙など人為起源のものと，火山からの噴煙など自然起源のものがある．

発生源がさまざまであるため，単一の成分ではなく，炭素を含んだ成分，硝酸（NO$_3^-$）塩，硫酸（SO$_4^{2-}$）塩，アンモニウム（NH$_4^+$）塩，金属などの無機元素を含んでいる．

PM$_{2.5}$の濃度は環境対策などによって，日本の都市部では最近は減少傾向にある．世界的には，人口増大や産業の発展にともなって，アフリカ，中東，インド，中国などの一帯で濃度が高くなっている．

9・4・1 化石資源

図9・5に示すように，人類のエネルギーの大部分は，天然ガス，石油，石炭などの**化石資源**に依存している．化石資源は，動植物の遺がいが土壌中で化石となって，長い年月をかけて熱や圧力の作用を受けて変化してできたものである．昨今の状況を見ると，私たちは太古よりさずかった恵みをほんの一瞬で使い尽くそうとしているようである．

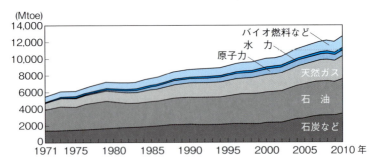

図 9・5　世界のエネルギー供給量 (International Energy Agency による)
縦軸の Mtoe は，エネルギーを石油の質量に換算した値で，1 Mtoe は石油 $1×10^6$ トンに相当する量

　天然ガス*は，メタン CH_4 が主成分であり，そのほかエタンなども含まれ（4・5・1項），燃料として使われる．メタンは家庭用の都市ガスの主成分でもある．
　石炭は，黒い固体であるが，図9・6のように，炭素と水素からなる炭化水素を主成分とする，多様で非常に大きい分子からなり，燃料として用いられる．

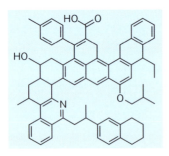

図 9・6　石炭の分子構造の例

　石油は，黒くどろっとした液体であり，主成分は，炭素と水素からなる比較的小さな炭化水素である（4・5・1項）．石油は燃料としても用いられるが，さまざまな有機分子を合成するための原材料としても重要である（後述）．衣類などの素材である高分子，色素，薬品や化粧品など多くの有機分子は石油をもとにつくられている．
　タンカーで輸入された石油は，石油精製工場にある大きな塔に入れられ，まず沸点の差によって分けられる（図9・7）．この塔の中の温度は下のほうが高く，上に

---

*　日本ではほとんど産出されず，冷却して液体になった液化天然ガス（LNG）として輸入される．

いくほど低くなっている．石油の成分は高温に加熱されて気体になり塔の上のほうに移っていくが，ちょうど沸点まで温度が下がったところで，液体になる．それぞれの場所で液体になった成分を取出せば，沸点の違いで大まかに分別できる．このように沸点の違いで物質を精製する方法を**蒸留**という．

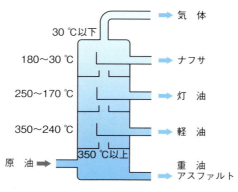

図 9・7　石油蒸留塔

石油のうち，350 ℃でも沸騰しない成分が重油やアスファルトである．さらに，蒸留塔を上っていき 350～240 ℃では軽油，250～170 ℃では灯油，そして蒸留塔の一番上の 180～30 ℃では"ナフサ"という成分が得られる．

ナフサは，多くの石油化学製品の原料やガソリンとして用いられる．ナフサを高温で分解すると，図 9・8 に示すような炭化水素が生成する．これらの分子がもつ二重結合の反応性を利用して，他の分子に変換される．

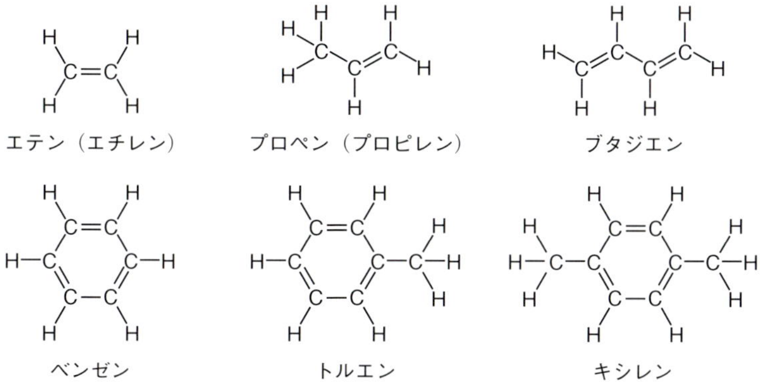

エテン（エチレン）　　プロペン（プロピレン）　　ブタジエン

ベンゼン　　　　　　トルエン　　　　　　キシレン

図 9・8　石油化学製品の原料となる分子

メタンハイドレートとシェールオイル

　最近注目を集めている燃料資源として，"メタンハイドレート"と"シェールオイル・シェールガス"がある．前者は採掘への取組みが始まった段階であるが，後者は採掘技術が確立され，生産が進んでいる．

　メタンハイドレートは，水分子 H_2O が水素結合して集まってできた"かご"の中に，メタン分子 CH_4 が取込まれた構造をしている（図）．メタンハイドレートは低温，高圧のもとで安定な固体として存在する．見た目は氷であるが，火をつけると燃える．固体 $1\ cm^3$ 中には，気体になったときに $180\ cm^3$ ほどになるメタンが含まれている．

　日本で消費されている天然ガス（主成分はメタン）の100年ぶんのメタンハイドレートが日本近海の海底の下に埋まっていると推定されており，新しいエネルギー源として注目されている．

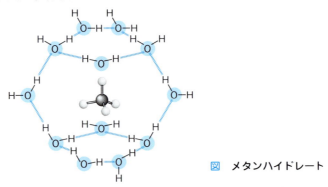

図　メタンハイドレート

　シェールオイルは石油と同じ炭化水素が主成分で，**シェールガス**はメタンが主成分である．従来の石油や天然ガスと違うのは，より深いところにある頁岩（けつがん，シェール）とよばれる岩石層に閉じ込められていることである．

9・4・2　新しいエネルギーの化学

　化石資源は有限であり，このまま大量消費がつづけば，いずれは底をつく．そのため，一度利用しても短期間に再生が可能であり，資源の枯渇しないエネルギーが求められる．これを**再生可能エネルギー**といい，太陽光，水力，風力，地熱などの自然エネルギーやバイオマスがある．

　毎年，地表に届く太陽エネルギーは，人類が1年間に消費するエネルギーの

10,000倍ほどもある（9・3・1項）．つまり，1時間の太陽エネルギーが人類が消費する1年ぶんのエネルギーに相当する．このように，無限ともいえる太陽光から有効にエネルギーを取出せれば，持続的な供給が可能となる．

太陽光による発電では，**太陽電池**という装置によってエネルギーがつくられる．近年，建物の屋根などにも太陽電池を集積したパネルを見かけるようになった（図9・9）．

図9・9　**太陽光パネル**　ビルの壁に設置されている

太陽電池は，通常の電池と違って，光エネルギーを直接，電気エネルギーに変換する．もっとも広く普及している半導体を用いた太陽電池は，LEDと同じく，p型とn型のケイ素（シリコン）などが接した構造をしている（図9・10）．

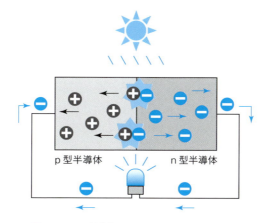

図9・10　**半導体を用いた太陽電池のしくみ**

太陽光がp型とn型半導体が接している付近にあたると，電子が原子から飛びだして，電子と正孔が生じ，このとき電子がn型のほうに流れ，正孔がp型のほうに流れることで，電流が生じる．LEDとちょうど逆のしくみになる（6・3・2項）．

一方，5・2節で示したような電池に似た構造の太陽電池も開発されている．図9・11に示すように，片方の電極は酸化チタンTiO_2の微粒子からなる膜によってできており，その表面に"色素"分子（6・2・2項）がくっついている．色素分子に太陽光があたると，分子中の電子がよりエネルギーの高い軌道に移ることで，酸化チタンに受けわたされる．この電子はさらに導線を通って反対側の電極に到達する．そして，電子は水溶液（電解液）中のイオンを介して色素に戻される．このような過程の繰返しによって，光エネルギーが電気エネルギーに変換される．

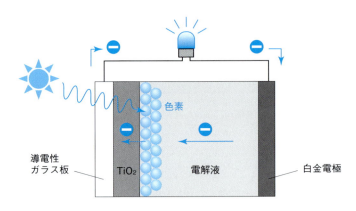

図9・11　色素を用いた太陽電池のしくみ

化石資源とは異なり，現存する生物由来の有機資源のことを**バイオマス**という．図9・12には，おもなバイオマスとその利用についてまとめた．

廃材や木くずなどは，燃焼によって発生した熱が暖房や給湯に，あるいは燃料として発電に利用される．

サトウキビやトウモロコシなど，糖質を多く含む植物は，"アルコール発酵"させて，エタノールを生産する（8・2・2項）．また，食品廃棄物や家畜排泄物などは，微生物によって"メタン発酵"させて，メタンを生産する．エタノールやメタンも熱利用や発電に使われる*．

＊　バイオエタノールはガソリンに混ぜて使用される．

バイオ燃料の燃焼によって発生した二酸化炭素は，生物が光合成によって大気中から取込んだものであるので，直接，二酸化炭素の増加にはつながらない．ただし，

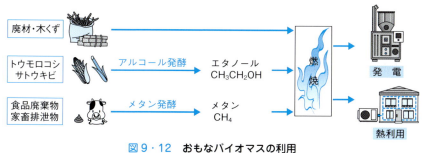

図 9・12　おもなバイオマスの利用

バイオ燃料を利用する方法は，規模が小さく効率があまり良くない，原料となる植物を育てるための土地利用による環境への影響，原料が食糧と競合するなど，解決すべき問題も残っている．

9・4・3　核エネルギー：太陽と原子力発電

太陽のエネルギーや原子力発電によるエネルギーは，通常の化学反応とは異なる反応によってもたらされる．

化学反応では，原子と原子の結合が組換わるだけで，原子核そのものは変化しない．これに対して，原子核そのものが変化する反応があり，これを**核反応**という．軽い原子核がくっついて，より重い原子核ができる反応が**核融合**である．一方，重い原子核が崩壊して，より軽い原子核になる反応が**核分裂**である．

"太陽"などの恒星の内部では核融合反応がおこっており，"原子力発電"では核分裂反応が利用されている*．通常の化学反応では数 100 kJ/mol ほどのエネルギーが出入りするが，核反応ではその1億倍（10^{10} kJ/mol）ほどの莫大なエネルギーが生じる．

太陽の内部では，4個の水素原子核（陽子）からヘリウムが生じる反応がおこっている．一方，"原子力発電"は，原子炉内で図 9・13 のような核分裂反応をおこし，

---

*　原子爆弾は核分裂反応，水素爆弾は核融合反応をもとにしている．また，核融合を利用した発電の研究も進められている．

発生した熱によって水を沸騰させ，その蒸気でタービンを回して発電する方法である．

安定な質量数235のウラン ^{235}U に中性子を照射すると，中性子が1個増えた質量数236の同位体 ^{236}U ができる． ^{236}U は不安定であり，さらに小さな原子核に分裂する．このとき，新たに2～3個の中性子が生じる．さらに，これらの中性子が ^{235}U に衝突して，また新たな中性子が生じるというように，核分裂反応が連続的に起こり，莫大なエネルギーが放出される．

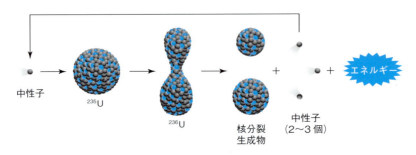

図9・13　原子力発電で利用される核分裂反応

9・4・4　放射線ってなんだろう

原子力発電にまつわるニュースや医療現場などで，"放射線"や"放射能"という言葉を耳にする．これらについて正しく知ることは，安心した生活をおくるうえでも大切である．

核反応で原子核が変化すると，余ったエネルギーが熱としてだけでなく，粒子や電磁波としても放出される．この粒子や電磁波のことを**放射線**という．また，放射線を放出する物質（同位体）を**放射性物質**（**放射性同位体**）という．**放射能**は，放射線を放出する能力のことをいう．

これらの用語を説明するさいに，しばしばたとえが用いられる．蛍（ホタル）にたとえると，蛍の光が"放射線"，蛍自身が"放射性物質"，蛍が光を放出する能力が"放射能"に相当する（図9・14）．

放射線のうち，"粒子"としてはα線（アルファ線），β線（ベータ線），中性子線などがあり，"電磁波"としてはX線とγ線（ガンマ線）がある．

α線は陽子2個と中性子2個（ヘリウム ^{4}He の原子核）からなる粒子の流れであり，**β線**は電子の流れ，**中性子線**は中性子の流れである．いずれも放射性物質から，

高速で飛びだす.

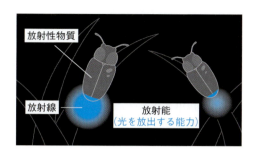

図9・14　蛍にたとえると

　X線と**γ線**は，同じ特徴をもっているが，発生のしくみが異なる*．紫外線よりも波長が短く，高いエネルギーをもつ（6・1・1項）．
　図9・15に示すように，放射線の種類によって物質の透過しやすさが異なる．α線やβ線は電荷をもつため，物質中の電子と相互作用しやすく，薄い物質でもさえぎられる．中性子線は電荷をもたないので，物質を透過しやすいが，同じくらいの質量をもつ陽子（水素原子核）と相互作用しやすい．水は水素原子を含むので透過しにくい．
　一方，γ線やX線のような電磁波も物質中の電子と相互作用するので，より多くの電子をもつ周期表の下のほうにある原子番号の大きい原子によって吸収されやすい．γ線やX線をさえぎるためには，鉛Pbなどの板が用いられる．

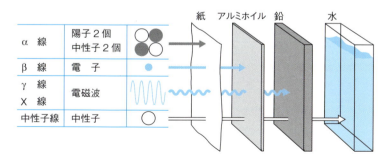

図9・15　放射線の透過力

　＊　X線は軌道間の電子の移動に由来し，γ線は核反応における原子核の崩壊に由来する．

放射線の被ばく

人体が放射線にさらされることを**被ばく**という．放射線は人体を構成する細胞を傷つけるため，被ばくによって，組織や臓器にさまざまな障害をもたらすことがある．

被ばくの仕方には，図のように二通りある．体外から放射線を直接受ける場合を**外部被ばく**という．一方，呼吸や飲食，傷口から体内に放射性物質が取込まれる場合を**内部被ばく**という．

外部被ばくでは，α線とβ線は皮膚で止まり，γ線と中性子線は人体を通り抜ける．このため，α線とβ線は皮膚への影響が大きく，γ線や中性子線は体内への影響が大きい．

内部被ばくでは，α線やβ線は体内にとどまるため影響が大きく，γ線と中性子線の一部は体外に出ていく．

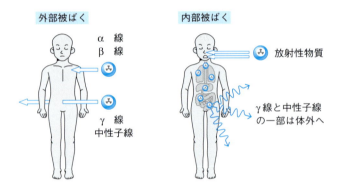

図　外部被ばくと内部被ばく

実際に人体が受ける影響は，被ばくした放射線の量と種類，組織や臓器に対する感受性によって決まってくる．放射線の種類でいえば，その影響の大きさはβ線とγ線を1とすると，α線は20，中性子線2.5〜20（エネルギーによる）となる．

9・4・5　放射性物質の寿命：半減期

放射性物質は，放射線を放出しながら，より軽い原子核に繰返し変化して，最終的には安定な物質になり，放射線の放出がなくなる．

半減期は，環境や体内での放射性物質の寿命を知る手がかりとなる．図9・16に示したように，半減期には3つの種類があり，それぞれがどのような意味をもつのか見てみよう．

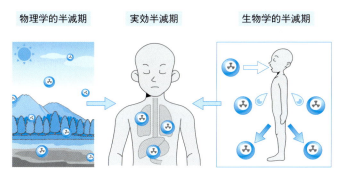

図9・16 放射性物質の半減期

放射性物質そのものの数(量)が半分になるまでの期間を**物理的半減期**という(図9・17)．放射性物質は物理的半減期に従って，規則的に減少していく．また，放射性物質の種類により，物理学的半減期は異なる．

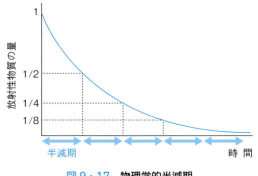

図9・17 物理学的半減期

一方，体内に取込まれた放射性物質が，尿や便などによって体外に排出され半分になる期間を**生物学的半減期**という．乳児は新陳代謝がよいので，成人より短くなる．また，体内の部位によっても異なる．

福島第一原子力発電所の事故では，ヨウ素 ^{131}I，セシウム ^{137}Cs などの放射性物

質が放出された．表9・1には，それぞれの半減期を示した．

表9・1　3つの半減期

	物理学的半減期	生物学的半減期	実効半減期
^{131}I	8 日	80 日	7 日
^{137}Cs	30 年	90 日	90 日

物理的半減期は，^{131}I が 8 日，^{137}Cs が 30 年である．すなわち，^{131}I は 8 日で 1/2，16 日で 1/4，24 日で 1/8 になる．一方，^{137}Cs は 30 年で 1/2，60 年で 1/4，90 年で 1/8 になる．

生物学的半減期は，成人で ^{131}I が 80 日，^{137}Cs が 90 日である．^{131}I は 70 %ほどが尿などで排出されるが，残りの 30 %はいったん甲状腺に蓄積される．^{137}Cs は全身に分布するが，筋肉にやや多い．

実際に，体内においては，物理学的半減期（$T_{物理}$）と生物学的半減期（$T_{生物}$）の両方を考慮する必要がある（図9・16）．体内で放射性物質が半分の量になる期間は，**実効半減期**（$T_{実効}$）で表され*，以下の式から求められる．

$$\frac{1}{T_{実効}} = \frac{1}{T_{物理}} + \frac{1}{T_{生物}} \quad \text{すなわち} \quad T_{実効} = \frac{T_{物理} \times T_{生物}}{T_{物理} + T_{生物}} \quad (9・3)$$

実効半減期は，成人で ^{131}I は 7 日ほど，^{137}Cs は 90 日ほどになる．^{131}I のように，物理学的半減期が短いと，生物学的半減期が長くても，体内での影響が早く減少する．一方，^{137}Cs のように，物理学的半減期が長い場合，生物学的半減期が重要となる．

9・4・6　放射線の量を表す単位

放射線は，地球誕生のときから大気中や地上にあり，宇宙からも絶えずやってくる．もともと，食べ物にも含まれている．自然由来の放射線については，普段，あまり気にかけないかもしれない．ところが，原子力発電所の事故などをきっかけに，居住地域や食品中の放射線の量が気になってくる．東京では 0.03 μSv/h，牛乳には 50 Bq/kg というように，放射線の量には単位がついている．

ここでは，放射線の量を表す代表的な単位について整理しておこう．

ベクレル（Bq）は，物質がどれだけ放射線を放出するかを表す単位であり，原子核の崩壊が 1 秒間に 1 回おこるときに放出される放射線が 1 Bq である．

---

*　実効半減期は体内に 1 回だけ取込んだ場合のもので，長期にわたって取込んだ場合を示すものではない．

グレイ (Gy) は，物質がどれだけ放射線を吸収したかを表す単位であり，物質 1 kg あたり放射線のエネルギーを 1 J だけ吸収したときが 1 Gy である．

以上のように，ベクレルとグレイは物理的な量を表す．

一方，**シーベルト** (Sv) は，グレイに放射線の種類と人体の組織や臓器による感受性の違いを考慮した，人体の影響への度合いを示す生物学的な単位である．

現在，全国の空間線量率がリアルタイムで測定されている．空間線量率は，ある空間における単位時間あたりの放射線量のことであり，1 時間あたりの放射線量が Sv/h 単位に換算され，報告されている．

日本でも国際的な基準に従って，一般公衆の線量限度（放射線被ばくの上限値）は年間 1 mSv (ミリシーベルト) と定められている．1 mSv は 1000 μSv (マイクロシーベルト) であり，1 年間は 24 × 365 = 8760 時間であるから，ある場所の空間線量が 1 時間あたり，

$$\frac{1000 \text{ μSv}}{8760 \text{ h}} = 0.114 \frac{\text{μSv}}{\text{h}}$$

つまり，1 時間あたり約 0.1 μSv 以下であればよい．

また，食品中の放射性物質の量の単位は，しばしば Bq で表される．ここでは具体的にふれないが，放射性物質ごとに示された係数を用いると，Bq を Sv に換算できる．

問 題

9・1 植物によって行われる，空気中の二酸化炭素中の炭素を地上に固定化する作用と，動物によって行われる，固定化された炭素を二酸化炭素に戻す過程をそれぞれ何というか．

9・2 大気中の二酸化炭素濃度の最新データを調べてみよう．

9・3 石油が液体で石炭が固体なのは，それぞれの分子構造のどのような違いのためか．

9・4 同じような構造で，光エネルギーを電気エネルギーに変換する装置と電気エネルギーを光エネルギーに変換する装置がある．それぞれ何か．

9・5 空間線量率が 5 μSv/h の土地で空間線量率が 0.1 μSv/h になるのに，^{137}Cs が原因と仮定すると，何年かかるか．

問 題 の 解 答

1章

1・1　a) 混合物,　b) 純物質,　c) 純物質,　d) 混合物,　e) 混合物

1・2　a) NO_2,　b) N_2O

1・3　a) KI,　b) $CaCl_2$

1・4　1 m 程度（原子を 0.1 nm, 砂つぶを 1 mm とすると, 1 m 30 cm）

1・5　10^8 個

2章

2・1　a) 陽子 1 個, 中性子 0 個, 電子 1 個,　b) 陽子 1 個, 中性子 1 個, 電子 1 個,　c) 陽子 7 個, 中性子 7 個, 電子 7 個

2・2　a) 同じ,　b) 同じ,　c) 違う

2・3　a) 5 個と 5 個,　b) 10 個と 10 個,　c) 20 個と 20 個

2・4　a) 1 個と 0 個,　b) 11 個と 10 個,　c) 17 個と 18 個

2・5　炭素は手が 4 本, 酸素は手が 2 本だから, $O=C=O$ となり, OCO の順に二重結合で結合する.

3章

3・1　a) 気体,　b) 固体,　c) 液体,　d) 固体

3・2　溶液は砂糖水, 溶質は砂糖, 溶媒は水

3・3　3 分子

3・4　塩酸 $(H^+ + Cl^- + H_2O)$ + NaOH $\longrightarrow$ $Na^+ + Cl^- + 2H_2O$ となり, 塩化ナトリウム (NaCl) の水溶液ができる.

3・5　$2H_2 + O_2 \longrightarrow 2H_2O$

3・6　6×10^{23} 個, 16 g

3・7　a) 1×10^{-6} mol L^{-1},　b) 1×10^{-8} mol L^{-1}

4章

4・1　a) 無機物質,　b) 無機物質,　c) 有機物質,　d) 無機物質,　e) 有機物質

4・2　$(1/27) \times 6 \times 10^{23} = 2.2 \times 10^{22}$ 個

4・3　息に含まれる二酸化炭素 CO_2 が水中に加わり，炭酸カルシウムが溶けたため．

4・4　$C_3H_8 + 5O_2 \longrightarrow 3CO_2 + 4H_2O$

4・5　a), b) [ベンゼン環の構造式]

4・6　a), b), c) [構造式]

5章

5・1　a) 流す，b) 流す，c) 流さない，d) 流す

5・2　a) 酸化される，b) どちらでもない，c) 鉄は反応しない，亜鉛は還元される．

5・3　a) p型，b) n型

6章

6・1　a) 青，b) 黄色，c) 黒

6・2　Rが青と緑，Gが青と赤，Bが赤と緑

6・3　黒い紙．多くの光を吸収するから．

7章

7・1　a) タンパク質，b) 脂質，c) 糖質

7・2　a) リシン，b) グルタミン酸

7・3 水

7・4 TAACGGTA

8章

8・1 3分子

8・2 グルコース

8・3 1剤は還元剤，2剤は酸化剤

8・4 牛乳に含まれるタンパク質が酸によって変性するため．

8・5 略

9章

9・1 光合成，呼吸

9・2 略

9・3 石油の分子は小さく，石炭の分子は大きい．

9・4 半導体を用いた太陽電池と発光ダイオード（LED）

9・5 約180年

索　引

あ　行

アイスクリーム　112
亜　鉛　38, 61, 63
亜鉛イオン　61
青カビ　123
アスパラギン　91
アスパラギン酸　91, 118
アスパルテーム　118
アスピリン　121, 122
アセチル基　121
アセチルサリチル酸　121, 122
アセチルヒアルロン酸　103
アセトアミノフェン　122
アゾ染料　77
圧　力　110
圧力鍋　110
アデニン　96
アドレナリン　121
アニオン　17
油汚れ　100
アミド結合　55, 93, 103
アミノ基　47, 55, 90, 93
アミノ酸　90, 97, 107, 115, 118, 121
アミラーゼ　94, 107, 115
アミロース　106
アミロペクチン　106
アモルファス　40
アラニン　91, 92, 123
アリザリン　76
アルカリ　63, 100, 112
アルカリ乾電池　63
アルギニン　91
アルコール　47, 89
アルコール発酵　108, 138
アルゴン　14, 15, 17, 127
α 線　140, 142

アルミニウム　14, 15, 38, 40
アルミノケイ酸塩　40, 77
アレルギー　124
安息香酸ナトリウム　118

胃　液　26, 39, 115
　──のpH　33
硫　黄　14, 15, 53, 77, 104
イオン　16
　──の移動　59
　──の水和　24
イオン結合　17, 28, 40, 60
イソロイシン　91
一次電池　64
一酸化塩素　131
遺伝情報　95
イブプロフェン　122
医薬品　121
色　72, 74, 99
陰イオン　17, 40, 91, 100
　──の水和　24
インジゴ　76
インスリン　120

ウラン　140
ウルトラマリン　77

栄養素　114
液　晶　81
液晶ディスプレイ　81
液　体　23, 57, 81
エステル結合　54, 89
エタノール　47, 108, 109, 138
エタン　45, 47, 134
1,2-エタンジオール
　（エチレングリコール）　47, 54
X　線　73, 140, 141
エテン（エチレン）　45, 50, 52, 135
N　殻　14, 15
n型半導体　68, 80, 137

エネルギー
　──と体重　117
　──の生産　115, 128
　──の貯蔵　89, 114, 115
　化学──　66
　核反応による──　139
　軌道の──　14, 73, 79
　生物の──源　86
　太陽──　136
　食べ物の──　116
　地球に放射される──　130
　電気──　66, 138
　電磁波のもつ──　72
　光──　137
M　殻　14
LED　80, 137
L　殻　14, 19, 20
塩　40
塩化水素　26
塩化ナトリウム　6, 17, 32, 39, 126
　──の構造　7
　──の組成式　8
　──の溶解　23
塩化物イオン　17, 23, 26
塩化マグネシウム　118
塩　基　26, 28, 32, 39
塩基性　33, 91
塩　酸　26, 39
塩　素　6, 7, 14, 15, 16, 131

黄　銅　38
オクタン　46
オゾン　127, 131
オゾン層　127, 131
オゾンホール　131
オプシン　99
オレイン酸　90
温室効果　130
温室効果ガス　129, 131
温　度　94, 110

索　引

か　行

海　水　39
外部被ばく　142
界面活性剤　101, 104, 112
海　洋　126
化　学　1, 5
化学エネルギー　66
化学結合　17
化学反応　25, 72, 74, 83, 119, 139
　　──の表し方　29
　　体内での──　94
　　電池の──　61
化学反応式　25, 27, 29
鍵と鍵穴の関係　94
核　12
殻　14
核エネルギー　139
核酸塩基　96, 97
核反応　139
核分裂　139
核融合　139
化合物　6
過酸化水素　105
可視光　72, 74, 77, 79
苛性ソーダ　28
カゼイン　109
化石資源　44, 133
化石燃料　128
画　素　82
ガソリン　45, 135
カチオン　16
価電子　16
果　糖　86, 87
花粉症　124
カーボンナノチューブ　43, 60
カーボンファイバー　56
ガラス　36, 40, 60
カリウム　14, 15, 16, 39
カリウムイオン　39
加　硫　53
カルシウム　14, 15, 16, 39
カルシウムイオン　16, 40
カルボキシ基　40, 47, 48, 55, 90, 93, 100
カルボニル基　47
カルボン酸　48

β-カロテン　75, 98, 118
カロリー　116
カロリー消費量　117
カロリーゼロ　118
還元反応　62, 67, 105
感光ドラム　83
緩衝作用　120
岩　石　40
官能基　47
γ　線　73, 140, 141, 142
甘味料　118
顔　料　76

気　温
　　世界の平均──　129
基　質　94
キシレン　135
気　体　23, 30, 57, 110
軌　道
　　電子の──　14, 73, 79
吸　収
　　光の──　73, 78
球状タンパク質　93, 94
牛　乳　112
強塩基　28
強　酸　27
鏡像関係
　　──にある分子　92
共有結合　19, 20, 26, 42, 44, 49, 52, 60, 68
金　36
銀　36
金　属　18, 36, 59, 60
金属結合　18, 36
金属酸化物　64, 126

グアニン　96
空間線量率　145
空　気　36
空気の最小単位　6
空気極　66
クエン酸　48
屈折率　84
グラファイト　43, 56, 60, 64
グラフェン　43, 60
グリシン　91
グリセロール（グリセリン）
　　　89, 103, 115
グルカゴン　121
グルコース　86, 87, 106, 107, 108, 115, 116, 117, 128

グルタミン　91
グルタミン酸　91, 107, 108
グルタミン酸ナトリウム
　　　107, 118
グレイ　144
クロム　38
クロムイオン　38
クロロ基　47
クロロフィル　75, 118, 128
クロロフルオロカーボン　131

蛍光灯　79
蛍光物質　79
ケイ酸イオン　40
ケイ酸塩　40, 126
ケイ素　14, 15, 84, 126, 137
　　──の半導体　68
　　鉱物と──　40
携帯電話　64
K　殻　14, 19
化粧品　77, 101, 102
血　液
　　──の色　76
　　──のpH　33, 119
結　晶　81
　　塩化ナトリウムと
　　　金属の──　18
　　ケイ素の──　68
　　鉱物の──　40
解熱鎮痛剤　122
ケラチン　94, 104
ゲルマニウム　85
原　子　5
　　──の構成　12
　　──の種類　8, 16
原子核　12, 139
原子爆弾　139
原子番号　13, 14
原子量　31
原子力発電　139
元　素　8
　　1族──　15, 16, 19
　　2族──　16
　　8族──　37
　　11族──　36
　　13族──　38
　　14族──　68
　　15族──　68
　　16族──　17
　　17族──　16
　　18族──　16

索引

元素記号　8, 14

鋼　37
硬貨
　日本の──　38
合金　38
抗原　124
光合成　128
光子　71
麹菌　106, 107
甲状腺　120
抗生物質　122
酵素　66, 94, 102, 107, 114
構造式　49
抗体　124
鉱物　36, 40
高分子　36, 45, 50, 103
酵母菌　108
氷　22
呼吸　119, 120, 128
黒鉛　43, 60
固体　23, 57
ゴム　36, 51, 52, 60
米
　──を炊く　106
コラーゲン　93
孤立電子対　20
混合物　6

さ 行

最外殻　15, 19, 20
最外殻電子　16, 68
細菌　123
最小単位
　物質の──　5, 7
再生可能エネルギー　136
細胞壁　88, 123
細胞膜　89, 110
酢酸　27, 48, 109
酢酸菌　109
錯体　76
砂糖　86, 118
さび　26, 37, 62
サファイア　38
サリチル酸　121
酸　26, 27, 32
　──による変性　112
酸化亜鉛　77, 104

酸化アルミニウム　38, 41
酸化カルシウム　40, 79
酸化還元反応　62, 104
酸化銀　37
酸化コバルト　65
酸化ストロンチウム　79
酸化染毛剤　105
酸化チタン　77, 104, 138
酸化鉄　26, 37, 77
酸化ナトリウム　40
酸化バリウム　79
酸化反応　26, 62, 105, 115, 116
酸化物イオン　17
酸化防止剤　99, 118
三重結合　20
酸性　33, 49, 91
酸性化
　海水の──　129
酸素原子　5, 6, 10, 14, 15, 19, 20, 62, 126
　──の構成　12
酸素分子　6, 25, 66, 127, 131
　──の形成　20
　──の分子式　8
三大栄養素　114

シェールオイル　136
シェールガス　136
塩漬け　109
塩抜き　109
紫外線　72, 77, 79, 132
紫外線吸収剤　104
紫外線散乱剤　104
紫外線防止　103
色光の三原色　74, 99
色材の三原色　84
色素　74, 75, 128, 138
視細胞　74, 99
脂質　89, 110, 114, 116
システイン　91, 104
実験ガラス器具　41
実効半減期　143, 144
質量数　13, 31, 140
質量濃度　31
シトシン　96
シーベルト　145
脂肪酸　89, 112, 115
弱塩基　29
弱酸　27, 49
周期　16
周期表　15, 16, 31

周期律　16
重曹　28
臭素酸ナトリウム　105
充電
　リチウムイオン
　　電池の──　65
自由電子　18, 36, 59, 68
純水　60
　──のpH　33
純物質　6
消化　102, 114
状態
　──の変化　22
小腸　115
鍾乳洞　39
しょう油　108
蒸留　135
食塩　6, 17, 30, 60
　──の溶解　23
食塩水　6, 60
　──の濃度　31
触媒　66, 94, 132
植物プランクトン　129
食品　101, 104
　──中の放射性物質　145
食品添加物　117
食物連鎖　128
ショ糖　87
シリカ　41
シリコン　137
　──の半導体　68
C_{60}　43
人工甘味料　118
辰砂　77
親油性　101
親水性　101
浸透圧　109

酢　27, 109
　──のpH　33
膵液　115
水銀　79
水酸化カリウム　63
水酸化ナトリウム　28
水酸化物イオン　28, 32
水晶　41
水蒸気　22, 127, 131
水素イオン　26, 27, 28, 32, 39, 49, 66, 91, 119
水素イオン濃度　32, 119
膵臓　120

索引

水素結合 96, 97
 アルコール分子の—— 48
 タンパク質の—— 111
 保湿における—— 103
 ポリアミドの—— 55
 水分子の—— 24, 25
水素原子 5, 6, 10, 14, 15, 16, 19, 20, 62, 104
 ——の構成 12
水素爆弾 139
水素分子 66
 ——の形成 19
水溶液 24
水和 24
スクラロース 118
スクロース 86, 87
スズ 38
スダンレッド 76
ステアリン酸 90, 104, 116
ステンレス 38

正極 63
正孔 69, 80, 138
成長ホルモン 120
静電気 61, 83
青銅 38
生物学的半減期 143, 144
性別
 ——の決定 95
石英 41
石英ガラス 84
赤外線 73, 130
石筍 39
石炭 44, 134
石油 44, 134
石油化学製品
 ——の原料 45, 135
セシウム 143, 144
絶縁体 60
石灰石 39
セッケン 26, 100
 ——のpH 33
セリン 91
セルラーゼ 102
セルロース 88, 102
繊維 36, 51, 53, 84, 102
繊維状タンパク質 93
洗剤 101, 102
染色体 95
全反射 84
染毛剤 105

染料 76

層状構造 65
族 15
組成式 8
ソルビン酸 118

た 行

ダイオード 80
大気 126
体重
 エネルギーと—— 117
ダイヤモンド 36, 42, 60
太陽 139
太陽エネルギー 136
太陽電池 68, 137, 138
唾液 115
多重結合 20
多糖 88
炭化水素 44, 46, 89, 100, 134
単結合 20, 45, 52, 77, 104
炭酸 119
炭酸イオン 120
炭酸カルシウム 39, 129
炭酸水素イオン 28, 39, 119, 129
炭酸水素ナトリウム 28, 39
炭水化物 86
炭素 13, 14, 15, 20, 31, 37, 41, 42, 44
 ——の循環 127
炭素繊維 56
炭素繊維強化プラスチック 56
単体 6, 44
単糖 86, 108
タンパク質 77, 97, 99, 104, 107, 110, 114, 115, 119, 124
 ——の構造と種類 93
 ——の変性 109, 111, 112

チオグリコール酸アンモニウム 105
地殻 126
置換基 51, 90
地球 126
地球温暖化 129
地球温暖化係数 131
地球環境問題 129

チーズ 109
チタン 38
窒素原子 6, 14, 15, 20
窒素分子 6, 127, 131
 ——の形成 20
 ——の分子式 8
チミン 96
着色料 118
中性 33, 91
中性子 12, 140
中性子線 140, 142
中性脂肪 89
腸液 115
調味料 107, 118
チロキシン 120, 121
チロシン 91

土 126

DNA 95, 96, 115
ディスプレイ 81
低分子 36
デオキシリボ核酸 96
デオキシリボース 96
鉄 18, 37, 38, 77
鉄イオン 18
鉄鋼 37
鉄鉱石 37
テレフタル酸 54
電位 59, 60
電位差 59, 60
電荷 68, 91, 113
 ——の移動 59
 ——の偏り 24, 48, 81
 アミノ酸の—— 91
 イオンの—— 16
 電子の—— 11
 半導体中の—— 69
 陽子の—— 12
電気 18, 36, 59
電気エネルギー 66, 138
電気的中性 13, 65
電気伝導性 60
 金, 銀, 銅の—— 37
電気伝導体 60
電極 63, 79
電子 11, 12, 14, 16, 18, 19, 52, 61, 62, 68, 71, 73, 80, 83, 138, 140
 ——の移動 59
電子殻 14

索引

電子対　20
電磁波　71, 113, 130, 140
　　——の種類　72
電子配置　14, 15, 19
電子レンジ　73, 113
電　池　60, 138
天然ガス　44, 134
天然ゴム　53
デンプン　88, 106, 107, 115, 116, 128
電　流　59

銅　36, 61, 76, 78
銅イオン　61
同位体　13, 31, 140
銅クロロフィル　118
糖　質　86, 96, 114, 115, 116
糖質オフ　118
同素体
　　炭素の——　44
導　体　60
豆　腐　118
銅フタロシアニン　76
都市ガス　25, 44, 134
土　壌　126
トタン　38, 67
トナー　84
トリアシルグリセロール　89, 115
トリプシン　115
トリプトファン　91
トルエン　135
トレオニン　91

な　行

内部被ばく　142
内分泌器官　120
ナイロン　55
納　豆　108
ナトリウム　6, 7, 14, 15, 16, 39, 78
ナトリウムイオン　16, 17, 23, 28, 39, 40
ナノメートル　9
ナフサ　45, 135
鉛　141
波　71
にがり　118

二酸化ケイ素　41, 84
二酸化炭素　25, 35, 39, 108, 115, 117, 127, 128
　　——による赤外線の吸収　130
　　温室効果ガスとして
　　　　の——　129
　　血液中の——　119
二酸化マンガン　63
二次電池　64
二重結合　20, 42, 45, 52, 77, 89, 104, 135
二重らせん構造　96
ニッケル　38
二　糖　86
ニトロ基　47
二分子膜　110
日本酒　108
乳　化　104, 112
乳化剤　112
乳　酸　109
乳酸菌　109
乳酸発酵　109
乳　糖　87

ヌクレオチド　96

ネオン　14, 15, 16, 19
熱　25, 36, 37, 51, 78, 130
熱　量　116
燃　焼　62
　　オクタンの——　46
　　グルコースの——　128
　　糖質と脂質の——　116, 117
　　メタンの——　25, 29
燃料極　66
燃料電池　66

脳下垂体　120
濃　度　31
ノンフロン　132

は　行

バイオマス　138
鋼　37
麦芽糖　87
白色光　72, 74
パソコン
　　——の中身　68

バソプレシン　120
バター　112
波　長　71, 72
バックライト　81
白血球　124
発　光　73, 78
発　酵　107
発酵食品　106, 108
発光ダイオード　80
発泡スチロール　52
花　火　78
パーマ　62, 104
バリウム　78
バリン　91
パ　ン　108
半減期
　　放射性物質の——　143
半導体　60, 68, 80, 137

ヒアルロン酸　103
pH　94, 109
　　血液の——　119
　　身近な物質の——　33
PM$_{2.5}$　133
p型半導体　69, 80, 137
光　25, 71, 99
光エネルギー　137
光ファイバー　41, 84
非共有電子対　20
非晶質　40
ヒスタミン　124
ヒスチジン　91
微生物　107, 122, 128
ビタミン　98, 114
ビタミンE　99, 118
ビタミンA　98
ビタミンC　99, 118
必須アミノ酸　90
ヒドロキシ基　47, 48, 98, 103, 112, 121
被ばく　142
病　気　119, 121
ビール　108

ファンデーション　102
フェニルアラニン　91, 118
フェニル基　47
フェニレンジアミン　105
負　極　63
ふくらし粉　39
ブタジエン　135

索引

フタロシアニン　76
ブタン　48
物　質　1
　　——の最小単位　5, 7
　　——の状態　23
　　——の分類　7, 35
　　——の変化の表し方　29
　　——の量の表し方　30, 31
フッ素　14, 15, 16
沸　点
　　アルコールの——　47
　　石油成分の——　135
　　水の——　25, 110
物理的半減期　143, 144
ブドウ糖　86, 87
不飽和脂肪酸　89
浮遊粒子状物質　133
プラスチック　36, 51, 56, 60
フラーレン　43
ブリキ　38, 67
フルクトース　86, 87
プロスタグランジン　122
プロテアーゼ　107
プロパン　47
プロペン(プロピレン)　135
プロリン　91
フロン　131
ブロンズ　38
分　子　7
分子間力　57
　　グラファイト
　　　　　　における——　43
　　水分子における——　22
分子構造　49
分子式　8

ヘキサン　46, 57
ベクレル　144
β　線　140, 142
ペットボトル　54
ペニシリン　123
ペプシン　94, 115
ペプチダーゼ　115
ペプチド結合　93, 121
ヘモグロビン　77
ヘリウム　14, 15, 19, 139, 140
ベリリウム　14, 15
弁柄(ベンガラ)　77
変　性
　　タンパク質の——　109, 111, 112

ベンゼン　135

ホウ酸　41
放射性同位体　140
放射性物質　140
　　——の寿命　143
放射線　73, 140
　　——の量を表す単位　144
ホウ素　14, 15, 68
放　電
　　リチウムイオン電池の——　65
飽和脂肪酸　89, 104
保湿　103
保存料　118
ポリアクリロニトリル　56
ポリアミド　55
ポリエステル　53
ポリエチレン　45, 50, 51, 52
ポリエチレンテレフタラート
　　　　　　　　　(PET)　54
ポリ塩化ビニル　51, 52
ポリスチレン　51, 52
ポリプロピレン　51
ポリマー　45, 51
ホルミル基　47, 98
ホルモン　120

ま 行

マイクロ波　73, 113
マイクロメートル　9
マーガリン　112
マグネシウム　14, 15, 16, 75
マグネシウムイオン　16, 40
マヨネーズ　112
マルターゼ　107, 115
マルトース　87, 107, 115
水　5, 10, 22, 30, 36, 100, 126, 130, 141
　　——の最小単位　6
　　——の状態変化　23
　　——の沸点　25, 110
水分子　6, 10, 23, 32, 48, 66, 103, 106, 110, 113, 136
　　——における水素結合　24, 25
　　——の形成　19
　　——の分子間力　22
　　——の分子式　8

155

ミセル　101
味　噌　106
ミネラル　114

無機物質　35, 40, 77
ムチン　108

メタノール　47
　　——の水素結合　48
メタン　36, 44, 131, 134, 136
　　——の燃焼　25, 29
メタンハイドレート　136
メタン発酵　138
メチオニン　91
めっき　38, 67
メトキシケイ皮酸エチルヘキシル
　　　　　　　　　103, 104
メルカプト基　104
免　疫　124

毛　髪　94, 104
モノマー　50
モル(mol)　30
藻　類　129
モル濃度　32

や 行

有機物質　35, 44, 128
有機分子　35, 44, 76
　　——の表し方　49
油　脂　89, 112, 115
ゆで卵　111

陽イオン　16, 18, 40, 91
　　——の水和　24
溶　液　24
溶　解　23
陽　子　12, 139, 140
溶　質　24
ヨウ素　143, 144
溶　媒　24
ヨーグルト　109, 112

ら行, わ

ラクトース　87

ランタノイド
　　蛍光物質としての―― 79

陸　地 126
リシン 91
リチウム 14, 15, 16, 78
リチウムイオン電池 64
立体構造
　　タンパク質の―― 93, 111

リノール酸 90
リパーゼ 115
リモネン 92
硫化銀 37
硫化水銀 77
粒　子 9, 11, 12, 71, 140
両親媒性 101
リ　ン 14, 15, 68
リン酸 96

ルビー 38

レーザープリンター 61, 83
レチナール 98

ロイシン 91

緑　青 37

ワイン 108

大月 穣（おおつき じょう）

1963年 岡山県に生まれる
1986年 東京大学工学部 卒
1991年 東京大学大学院工学系研究科博士課程 修了
現 日本大学理工学部 教授
専攻 有機化学，分子機能化学
工学博士

第1版 第1刷 2016年5月20日 発行

化学入門 日常に役立つ基礎知識

Ⓒ 2016

著者　大月　穣
発行者　小澤美奈子
発行　株式会社 東京化学同人
東京都文京区千石3丁目36-7（〒112-0011）
電話 03-3946-5311・FAX 03-3946-5317
URL：http://www.tkd-pbl.com/

印刷・製本　新日本印刷株式会社

ISBN978-4-8079-0886-8
Printed in Japan
無断転載および複製物（コピー，電子データなど）の配布，配信を禁じます．

元素の周期表

凡例:
- 金属元素
- 非金属元素

原子番号
記号
元素名
原子量

族	1	2	3	4	5	6	7	8	9	10	11	12	13	14	15	16	17	18
周期 1	1 H 水素 1.008																	2 He ヘリウム 4.003
2	3 Li リチウム 6.941	4 Be ベリリウム 9.012											5 B ホウ素 10.81	6 C 炭素 12.01	7 N 窒素 14.01	8 O 酸素 16.00	9 F フッ素 19.00	10 Ne ネオン 20.18
3	11 Na ナトリウム 22.99	12 Mg マグネシウム 24.31											13 Al アルミニウム 26.98	14 Si ケイ素 28.09	15 P リン 30.97	16 S 硫黄 32.07	17 Cl 塩素 35.45	18 Ar アルゴン 39.95
4	19 K カリウム 39.10	20 Ca カルシウム 40.08	21 Sc スカンジウム 44.96	22 Ti チタン 47.87	23 V バナジウム 50.94	24 Cr クロム 52.00	25 Mn マンガン 54.94	26 Fe 鉄 55.85	27 Co コバルト 58.93	28 Ni ニッケル 58.69	29 Cu 銅 63.55	30 Zn 亜鉛 65.38	31 Ga ガリウム 69.72	32 Ge ゲルマニウム 72.63	33 As ヒ素 74.92	34 Se セレン 78.97	35 Br 臭素 79.90	36 Kr クリプトン 83.80
5	37 Rb ルビジウム 85.47	38 Sr ストロンチウム 87.62	39 Y イットリウム 88.91	40 Zr ジルコニウム 91.22	41 Nb ニオブ 92.91	42 Mo モリブデン 95.95	43 Tc テクネチウム (99)	44 Ru ルテニウム 101.1	45 Rh ロジウム 102.9	46 Pd パラジウム 106.4	47 Ag 銀 107.9	48 Cd カドミウム 112.4	49 In インジウム 114.8	50 Sn スズ 118.7	51 Sb アンチモン 121.8	52 Te テルル 127.6	53 I ヨウ素 126.9	54 Xe キセノン 131.3
6	55 Cs セシウム 132.9	56 Ba バリウム 137.3	57~71 ランタノイド	72 Hf ハフニウム 178.5	73 Ta タンタル 180.9	74 W タングステン 183.8	75 Re レニウム 186.2	76 Os オスミウム 190.2	77 Ir イリジウム 192.2	78 Pt 白金 195.1	79 Au 金 197.0	80 Hg 水銀 200.6	81 Tl タリウム 204.4	82 Pb 鉛 207.2	83 Bi ビスマス 209.0	84 Po ポロニウム (210)	85 At アスタチン (210)	86 Rn ラドン (222)
7	87 Fr フランシウム (223)	88 Ra ラジウム (226)	89~103 アクチノイド	104 Rf ラザホージウム (267)	105 Db ドブニウム (268)	106 Sg シーボーギウム (271)	107 Bh ボーリウム (272)	108 Hs ハッシウム (277)	109 Mt マイトネリウム (276)	110 Ds ダームスタチウム (281)	111 Rg レントゲニウム (280)	112 Cn コペルニシウム (285)		114 Fl フレロビウム (289)		116 Lv リバモリウム (293)		

ランタノイド	57 La ランタン 138.9	58 Ce セリウム 140.1	59 Pr プラセオジム 140.9	60 Nd ネオジム 144.2	61 Pm プロメチウム (145)	62 Sm サマリウム 150.4	63 Eu ユウロピウム 152.0	64 Gd ガドリニウム 157.3	65 Tb テルビウム 158.9	66 Dy ジスプロシウム 162.5	67 Ho ホルミウム 164.9	68 Er エルビウム 167.3	69 Tm ツリウム 168.9	70 Yb イッテルビウム 173.0	71 Lu ルテチウム 175.0
アクチノイド	89 Ac アクチニウム (227)	90 Th トリウム 232.0	91 Pa プロトアクチニウム 231.0	92 U ウラン 238.0	93 Np ネプツニウム (237)	94 Pu プルトニウム (239)	95 Am アメリシウム (243)	96 Cm キュリウム (247)	97 Bk バークリウム (247)	98 Cf カリホルニウム (252)	99 Es アインスタイニウム (252)	100 Fm フェルミウム (257)	101 Md メンデレビウム (258)	102 No ノーベリウム (259)	103 Lr ローレンシウム (262)

国際純正・応用化学連合 (IUPAC) で承認された原子量をもとに、日本化学会原子量専門委員会が作成した4桁の原子量表 (2016) から作成した。安定同位体がない元素はその元素の代表的な同位体の質量数を ( ) 内に示した。